tony Viramontes

以歌曲《哈利路亚大道》（Hallelujah Bouleva-rd）为灵感而创作的戴军队高顶圆毡帽人像，笔法十分流动、舒畅。刊登于英国版《Vogue》，1983年创作于巴黎。

头戴格雷厄姆·史密斯环檐女帽的莱斯利·维纳（Leslie Winer）。此作品是作为介绍未来明星的专栏文章——《新时代美女》的配图，刊登于1983年第12期英国版 *Vogue*。创作于巴黎。

国际时尚设计丛书·服装

大师时装画
托尼·维拉蒙特作品珍藏

[英]迪安·里斯·摩根（DEAN RHYS MORGAN）　著

张翎　译

中国纺织出版社

内 容 提 要

本书汇总了国际时装画大师托尼·维拉蒙特一生所创作的经典之作。作为时装画发展史中的一位重要人物，维拉蒙特相当迷恋时尚，对时尚有其独特的认知，他执着于时装画的创作，干练、优美的线条呈现出人物的气质，并热切地将作品趋于完美。其作品完美地捕捉到了20世纪80年代的社会风尚以及时尚的精髓，乃至影响21世纪时装画的发展。

原文书名 BOLD, BEAUTIFUL AND DAMNED: THE WORLD OF 1980S FASHION ILLUSTRATOR TONY VIRAMONTES
原作者名 DEAN RHYS MORGAN

© 2013 Laurence King Publishing

Unless otherwise stated, all images are courtesy of the Tony Viramontes Studio Archive.

Test © 2013 Dean Rhy-Morgan. Dean Rhy-Morgan has asserted his right under the Copyright, Designs and Patent Act 1988, to be identified as the Author of this Work.

Translation © 2016 China Textile & Apparel Press

This book was produced and published in 2013 by Laurence King Publishing Ltd., London. This Translation is published by arrangement with Laurence King Publishing Ltd.for sale/distribution in The Mainland (part) of the People's Republic of China (excluding the territories of Hong Kong SAR, Macau SAR and Taiwan Province) only and not for export therefrom.

著作权合同登记号：图字：01-2014-1791

图书在版编目（CIP）数据

大师时装画：托尼·维拉蒙特作品珍藏／（英）摩根著；张翎译. -- 北京：中国纺织出版社，2016.6
（国际时尚设计丛书. 服装）
书名原文：BOLD, BEAUTIFUL AND DAMNED: THE WORLD OF 1980S FASHION ILLUSTRATOR TONY VIRAMONTES
ISBN 978-7-5180-2507-7

Ⅰ. ①大… Ⅱ. ①摩… ②张… Ⅲ. ①时装—绘画—作品集—美国—现代 Ⅳ. ① TS941.28

中国版本图书馆 CIP 数据核字（2016）第 069942 号

责任编辑：华长印　责任校对：王花妮
责任设计：何　建　责任印制：何　建

中国纺织出版社出版发行
地址：北京市朝阳区百子湾东里 A407 号楼　邮政编码：100124
销售电话：010—67004422　传真：010—87155801
http://www.c-textilep.com
E-mail: faxing@c-textilep.com
中国纺织出版社天猫旗舰店
官方微博 http://weibo.com/2119887771
北京盛通印刷股份有限公司印刷　各地新华书店经销
2016 年 6 月第 1 版第 1 次印刷
开本：710×1000　1/8　印张：24
字数：170 千字　定价：198.00 元

凡购本书，如有缺页、倒页、脱页，由本社图书营销中心调换

丽莎贝斯·加伯（Lisabeth Garber）肖像。1983 年创作于巴黎。

为 *Le Monde* 杂志创作的封
面画"优雅的罗"。
1986 年创作于巴黎。

前言

——让·保罗·高提耶
（Jean Paul Gaultier）

当年，托尼·维拉蒙特以其了不起的天赋迅速地捕获到了我的目光，特别是他在 1985 年 Jill 杂志九月刊上所发表的那一系列专为吉尼斯集团（Geinus Group）创作的黑白报纸广告作品，那些被命名为"标题"的发型插图以华丽而高贵的视觉冲击力再现了其所特有的激进程度以及高超的画面质量。

我被这样的作品深深震撼，要知道，那也是彼时我所追求的创新之路——特别是他对于模特的选择尤其合乎我的心意。事实上，整个 20 世纪 80 年代时期，我在选择自己的发布会模特时，都参照了维拉蒙特笔下的人物形象，我常用的模特有：塔内尔·柏卓圣兹（Tanel Beddrossiantz），克劳迪娅·胡舒宁（Claudia Huidobro），劳伦斯·特里尔（Laurence Treil），本·扫罗（Ben Shaul），麦克·希尔（Mike Hill），安东尼斯（Anthonis），尼克·卡门（Nick Kamen），维奥莱塔·桑切斯（Violeta Sanchez），华尔特（Walter），咪咪（Mimi），克里斯汀·贝格斯特罗姆（Christine Bergstrom），特里莎·索托（Talisa Soto），泰丽·托伊（Teri Toye）。

托尼·维拉蒙特的影响力是如此之巨大，其强烈的艺术风格给时代和时尚界都留下了深深的烙印。

维拉蒙特才华的一大亮点是他能够赋予一张图片影像以系列化的创作元素，例如：重绘照片或是用马克笔进行重点部位的勾勒（他因此开创了一种崭新的画风并由此成为这一风格的先驱），最终形成时装产品。与其他艺术家和摄影师不同的是，维拉蒙特是从骨子里热爱、追随并且崇拜时尚！正是以这种激情的创作状态，才使得他能够通过作品来充分地表达自己。

他所创作的影像既是 20 世纪 80 年代的一个符号，也成为永恒的现代主义的经典范例。

让·保罗·高提耶（Jean Paul Gaultier）
2012 年于巴黎

目录

我们的维拉蒙特兄弟

如果他还活着，2013 年维拉蒙特（1956—1988）应该 56 岁了。在他逝后的 25 年间，我们时常会设想今天的他正在做些什么？当迪安让我们几个人为我们的小兄弟写点什么的时候，顿时令我们陷入了那些既辛酸又甜蜜的回忆之中——正如像维拉蒙特的早逝一样，他的人生也有着多种多样的定义。在他 31 年的生命时光里，丰富的人生经历如同一只彩色的颜料盒，这使他成为一个真正与众不同的人。

他是个什么样的人？嗯，维拉蒙特总是有点特立独行；他对有关于自己的事情总是全力以赴，他对生活充满了好奇，他爱他的家人，并且总是将美好回馈给周围的人们。他清楚自己擅长什么——但其实他原本可以对自己更有信心。他可能有一点害羞，但同时也会让你无法制止他谈论所热爱的东西，例如，时尚、艺术和音乐。

和我们一样，他执着于自己的事业，并且热切地希望所有事物都趋于完美。维拉蒙特选择了一种自己的生活准则，他对于这个世界保持着独特的感知力。随着我们的老去，我们见证了维拉蒙特给这个世界所带来的影响，在此非常高兴地看到迪安里斯·摩根（Dean Rhys Morgan）能够将维拉蒙特的几条人生轨迹以及大量的作品汇聚在一起，这真是一本姗姗来迟的美丽的书！

维拉蒙特兄弟们：爱德华（Ed），拉尔夫（Ralph），曼纽尔（Manuel）

（上图）
托尼·维拉蒙特肖像照
摄影：爱德华·维拉蒙特（ED Viramontes）
巴黎，1986 年

（对页图）
时髦的优雅
托尼·维拉蒙特为《*Hamp-tons*》杂志封面所创作的具有装饰艺术风格（Art Deco）、极致光洁优雅的女英雄形象。
纽约，1982 年

（下一跨页图）
在定居巴黎之前，托尼·维拉蒙特在他位于纽约的狭小的公寓里以模特泰丽·托伊（Teri Toye）为原型进行时装画的创作，而西尔瓦纳·卡斯特（Sylvana Castres）在现场见证了这一幕。
摄影：让·雅克·卡斯特（Jean-Jacques Castres）
纽约，1963 年

简介

我从未与托尼·维拉蒙特谋面，但这一点也不妨碍我对他作品的熟悉程度，从他为 La Mode 杂志所创作的那些意义深远且充满欢乐的时装绘画到为阿卡迪亚乐队专辑"玫瑰如此红艳"所设计的黑暗浪漫主义唱片封套——都是我所熟稔的内容。尽管如此，我对于艺术家的个人状况却不甚了解。2008 年 10 月，在一次与插画家大卫·唐顿（David Downton）的谈话之后，促使我开始在网上搜寻维拉蒙特，然而，所能够得到的信息少之又少，远远不能够解答心中的诸多疑问。直到他谢世的 20 多年后，有关这位毫不费力就捕捉到了 20 世纪 80 年代脉搏的艺术家的描述性传记才得以面世。可以说，托尼·维拉蒙特——在时装插画的发展史中着实是不应该被忘记的一位重要人物。

在维拉蒙特的有生之年，他就一直被笼罩在其好友兼导师安东尼奥·洛佩兹（Antonio Lopez）的光环之下。他曾与之共同分享了一种来自街头的时尚敏感度，之后却出于某种不可言明的原因而逐渐淡出了彼此的视线，只是在偶然间，维拉蒙特的作品中还会流露出与安东尼奥同样的兴趣点。尽管随着互联网、社交网站以及博客的兴起从而引发了一场图像和奇闻轶事的盛宴，然而关于这两者之间的关系，绝大多数的纸媒却也只是提供了传记体般的简要内容，或是趣味性的描述，通常记录着过于简单而不够准确。

撰写此书的目的并不在于想要为托尼·维拉蒙特以及他的作品确立一个所谓的标准的传记版本，我只是希望本书能够将他所认识的人群作一个清晰的梳理，同时也尽可能翔尽地将他那短暂而丰产的一生介绍给大家。其实在他的有生之年里，在数不清的杂志和广告软文中，维拉蒙特已经是一个非常有名的人物了。或许，而后受到的忽视并非仅仅归因于浮躁而健忘的公众，因为事实上，维拉蒙特（他总是在作品上签署这个名字）作为一名艺术家，更多地将自己的职业生涯和荣誉名声与"时尚及高级时装"这一较为生僻的领域联系在一起。像他这样的人才在当今社会里几乎绝迹，他是一位不折不扣的时装插画大师。

今天的时装插画已经不像它们在 20 世纪 40 ~ 50 年代那么风头强劲了，要知道，在当时的女性时装杂志上可是登满了各种令人惊艳的风格插画。1979 年，当维拉蒙特的作品首发于《纽约时报》时，时装插画这种艺术形式却已经变得不再炙手可热。在这之前的 20 年里，安东尼奥·洛佩兹是唯一固定不变的时装画供稿者，维拉蒙特紧随洛佩兹的脚步，将时装插画推向现代性和更为大众所喜闻乐见的境地。

维拉蒙特的画风一半保持了非常直观的传统色彩，另一半却是令人过目不忘的原创性，两者并驾齐驱。例如，一方面，他笔下的人物体形都被故意拉长从而显示出苗条的形态——这是传统时装画的典型特征；另一方面，他的作品又不似那些曾经流行过的贵族时装插画般带有一股陈腐的气息。彼时，他不仅迅速抓住了出版商普罗斯珀·阿苏利纳（Prosper Assouline）开始编撰名为 La Mode en Peinture 的时装插画集的机会，并且在 1980 年经由时任《名利场》（Vanity）主编的安娜·皮亚姬（Anna Piaggi）的推荐，成为了世界著名康泰纳仕（Condé Nast）出版集团的供稿人。在一个短时期内，维拉蒙特成为了时尚世界里的中心人物。

时装画是否是门严肃的艺术形式？关于这一话题经历了长时间的争论。在一般人的观念之中，时装插画家是个"炒冷饭"的主儿，他们的工作仅仅只是把别人的想法再现一下而已，却不能够提出学术性的意见或是在文化层面上有所建树。事实证明，维拉蒙特的名望的持续度确实取决于他作品的面世率，一旦中止，"维拉蒙特"这个名字就被人们迅速丢在了脑后，却丝毫不会影响周围的世界继续向前迈进。1991 年 10 月，在巴黎 Ménagerie de verre 举办的维拉蒙特作品展可以被视为其唯一的一个个人纪念展。迄今为止，维拉蒙特的许多画作已经消失不见或是已经落入了匿名藏家的手中。一些手稿被他的朋友或是认识的人所获得，部分被转卖给了收藏家，另一些则被当初创造它们的时装屋作为典藏品收入囊中。其余的作品被打包送回了他位于洛杉矶的家中，这些作品从未与世人见面。

在接近 30 年后的今天，维拉蒙特所创作的图像看上去仍旧令人耳目一新和引人入胜。编撰本书背后的一个强大驱动力就是要重新向世人介绍这些精彩绝伦的画作，让新一代的时尚达人也能够了解到关于维拉蒙特的一切。在我试图将其一生贯穿起来的过程里，维拉蒙特的家人给予了我以热忱的帮助。自从 2010 年第一次通过电子邮件建立起联系之后，维拉蒙特的兄长爱德华·维拉蒙特就邀请我去观看维拉蒙特的遗作。我如约而至，也看到了那些作品，并且深深地折服于画家的才情之下。在一个习惯由电脑生成画面的时代里，手绘已经被视作为一种可笑而不合时宜的媒介形式，好在今日它又卷土重来，重新回到了人们的视野当中。在很长的一段时间里，对于线条的运用技巧是一个画家表达情感的最有效的艺术手段，绘画也是一种直接而带有强烈个人观念的行为。维拉蒙特作为一位艺术家，他的一生几乎都在绘画和构

思当中度过。我一直都很钦佩原创的力量，也总是有一些艺术家，无论是其外表特征还是作品风格都具有很高的辨识度。尽管其视觉风格多种多样，维拉蒙特的作品无一不保持了高水准的品质。无论是严谨的线描，还是变化微妙的色块，抑或是豪放醒目的基本笔触——无论采用哪一种技巧，笔尖下流露出的总是那个独一无二的维拉蒙特。

接下来的一年，我走访了维拉蒙特的朋友和爱人，以了解他们眼中的维拉蒙特。同时也是通过这种方式，我接触到了近百张更为精彩的画作，它们都被爱德华和其他家庭成员精心地保管着。逐渐地，维拉蒙特那宽阔、鲜活、丰富却又短暂的职业生涯在我脑海中清晰起来。是的，维拉蒙特的作品数量令人震惊，因为针对每一幅即将交付或者出版的画稿，他总要准备 10 ~ 12 张的备用方案。此外，他的遗物还包括了成堆的旧报纸和杂志剪报，草稿簿、零碎的小纸片、照片、信件和日志。维拉蒙特为后世留下了足够丰富的印迹——尽管他的日志从不按照时间排序，也没有什么特殊的文字叙述，但这并不妨碍它仍旧是一份风格强烈的个人纪录，我们可以从中看到维拉蒙特对于自己性格及成就的剖析，在他那些狂乱的词汇里，画家关于工作、爱、童年甚至帽子的个人观点展露无遗。

收集维拉蒙特作品的一大乐趣在于能够令我有机会拜见那些钦慕已久的人。不可否认，这本书是在许多人的帮助下才得以面世的，他们或是分享记忆，或是出借艺术作品，或是提供介绍，甚至让我自由使用他们的文字及图片成果——正是这些善举让我得以重建有关维拉蒙特的历史。这其间，我去巴黎、罗马和洛杉矶拜会那些认识并与之曾经在一起工作过的人们。值得欣慰的是，托尼·维拉蒙特的朋友们（有些甚至还是当年的宿敌）都非常乐于谈起他。他的密友，模特经纪人西里尔·布鲁尔（Cyril Brulé）在回忆起维拉蒙特时，说他是一个"对他人充满了某种巨大魅惑力的人"。如果在我的书中已经设法抓住了哪怕一点点他那迷人的个性，那么，我所为此付出的劳动也就不再是徒劳无功的了。总而言之，缺失了对托尼·维拉蒙特的认知，21 世纪的时装插画史将不再是完整的。

迪安里斯·摩根（Dean Rhys Morgan）
2012 年，于纽约

瓦伦蒂诺（Velentino）高级时装
维拉蒙特的这一画作笔触粗放，轮廓鲜明，画风遒劲有力，充满了自信的力量。这幅激情四射的典型画稿是为 1985 年瓦伦蒂诺高级时装罗马发布会所作。
时装设计：瓦伦蒂诺·加拉瓦尼（Valentino Garavani）

个人写照

"为你自己而描，为你自己而绘，为你自己而拍，你将会更喜爱这样的作品。"
——维拉蒙特

　　即使维拉蒙特从未来过这个世界，他无疑也会被人们想象成这样：一个复杂而细腻的人；一个凡事非常尽力的街头营生者，但有时又显得不谙世事和自相矛盾；他的眼界要远超于他所在的那个年代。他是一个现代主义的拥趸和狂热分子，以一种亡命般的速度生活着，与维拉蒙特相关的一切事物都与"快"有关——包括他的思维方式和他的绘画方式——他有着层出不穷的新想法。

（上图）
史蒂文·梅塞（Steven Meisel）
肖像照，1979 年
泰丽·托伊（Teri Toye）肖像照，
1985 年
均由维拉蒙特用宝丽莱相机拍摄

（对页图）
泰丽·托伊
维拉蒙特为 Hamptons 杂志而绘制的封面图。
纽约，1983 年

托尼·维拉蒙特肖像照
即使在病中，誓将时尚进行到底的维拉蒙特也依然委托爱丽丝·斯普林斯（Alice Springs）［赫尔穆特·牛顿（Helmut Newton）夫人］为自己拍摄了这张肖像照。
蒙特卡洛，1986 年
照片选自 Maconochie Photography
摄影师：爱丽丝·斯普林斯

为了工作，他需要一名模特和一段音乐，他需要这房间里的每一个人——说白了，他需要置身于一个高涨的情绪氛围里面。那些会被他人视作为嘈杂的事物却恰恰是托尼·维拉蒙特的灵感来源。坐在一张桌板前，几百张画稿从他手中迅速诞生，他习惯性地将它们创作后陆续地递送给周边的人。对他而言，从一幅画稿转移至下一幅画稿好像丝毫不费什么力气，并且，他对于那些有着炯炯目光和傲慢红唇并且气质阴郁的模特似乎特别地着迷。

一定是有一种无形的力量在驱使着各种图形和影像从他的手中源源不断地涌现。维拉蒙特的那些运笔迅速、风格简洁明确的炭笔画线条都出自于一种细小的炭棒。"它对于捕捉图像是必不可少的，没有细节，没有服装或表情，只是记录了一种印象。为了一张画，我可能要描绘好几百张的草图，而炭棒通常是最能体现根本的第一绘画手段。"在托尼·维拉蒙特看来，时尚是一种观念，是一种令自己出人头地的利器，也是一种可以点亮想象力的绘画方式。

1956 年 12 月 8 日，弗兰克·托尼·维拉蒙特（Frank Tony Viramontes）出生于美国加利福尼亚州的圣莫尼卡，父亲是弗兰克·维拉蒙特（Frank Viramontes），母亲是安妮塔·维拉蒙特（Anita Viramon-tes）。父母双亲都是第一代的墨西哥移民，母亲的家族来自于瓜纳华托（Guanajuato），而父亲的家族则来自于一个叫做"特基拉"（Tequila）的小城。

托尼·维拉蒙特的父母属于生得十分谨慎的中产阶级，弗兰克是麦道公司的机械师，而安妮塔供职于美国电话电报公司，他们把家安置在位于洛杉矶西郊的伯尼伊特大街上。在那里，他们以良好的天主教家庭的方式抚养着儿子们，维拉蒙特因此拥有一个全美国式的田园牧歌般的童年时光。维拉蒙特家的四个男孩分别是曼纽尔、爱德华、维拉蒙特和拉尔夫，维拉蒙特在四兄弟中排行老三。尽管四个儿子的天赋迥异，弗兰克和安妮塔还是竭尽所能地给予了他们最好的支持和培养。曼纽尔、爱德华和拉尔夫最终都成为了运动员，而维拉蒙特自小就展现出强烈的艺术天赋，并且把绝大部分时间都花费在了绘画上。维拉蒙特的人生文档最初出现在他兄弟们的足球记录里，而后逐渐向军乐队成员和啦啦队长发展。作为一位对各门类艺术都非常喜爱的母亲，安妮塔十分鼓励她的儿子尽情发挥与生俱来的才能，在一段时间内她还鼓励维拉蒙特专门描绘斗牛的场景。这缘于在维拉蒙特 10 岁左右，曾经跟随父母去了位于墨西哥提华纳城的一座古老的斗牛场，这座建筑坐落在城市的中心位置，当时在好莱坞崭露头角的女明星，都对它赞誉有加［如玛丽莲·梦露（Marilyn Monroe）和艾娃·加德纳（Ava Gardner）等］。维拉蒙特发现这座环形的斗牛场壮丽且华美，他不禁深深陶醉其中——当他的家人目不转睛地观看斗牛表演时，他却在一旁迅速地用画笔记录着眼前的场景。由此可见，在孩提时代，维拉蒙特就拥有一双洞悉一切的眼睛，并且总是以非常个人化的视角感知着周围的事物。若干年后，当他回忆起那些细节——鲜亮的颜色、斗牛士们身上的金色镶边礼服、激情澎湃的音乐以及欢呼沸腾的人群时，他说："一切都是那么的完美，绝对是艺术灵感的最佳来源。"

维拉蒙特对于时尚的热爱之情在他早期的兴趣爱好里就初见端倪，这也是他后来钟情于零碎的、闪闪发光的物体表面的根源所在。安妮塔坚信她的第三个儿子与其他的兄弟们是如此的不同，也只有维拉蒙特继承了自己对于时尚的爱好。"他总是对服装充满了兴趣，也总是关注我的衣着打扮。"安妮塔回忆时这样说道。

十几岁的时候，维拉蒙特的绘画主题就是女性，时装绘画家安东尼奥·洛佩斯给予了他最大的启发。在少年时代，他就开始劝说高中同学充当自己创作的模特。"我是维拉蒙特的第一位女神。"他的同班同学朱莉·罗森鲍姆（Julie Rosenbaum）回忆道，"我就像是他的一个小玩偶，每当我们在一起时，他总是会给我化妆、做发型，并且拍照留念。"罗森鲍姆是第一个认识到维拉蒙特具备时尚天赋的人，她曾经鼓励他去参加一个艺术课程。然而，她的"女神"地位很快就被别人取代了，因为维拉蒙特又迷恋上了一位名叫芮妮·罗素（Renée Russo）的模特。

从1972年开始，高中毕业后的维拉蒙特前往帕萨迪纳艺术中心设计学院（Art Center College of Design in Pasadena）继续学习。在那里，他的导师保罗·亚斯明（Paul Jasmin）告诉他，如果想要系统地学习时装绘画，那么就应该前往纽约深造。于是两年之后（大约是在20世纪70年代晚期），他移居到了那里。先是寄居在基督教青年会（YMCA），在第一大街租到一间狭小的公寓之前，他甚至还在声名狼藉的切尔西饭店（Chelsea Hotel）住了一阵子。大都市的快节奏充分满足了维拉蒙特的好奇心和他那异常敏捷的思维。"去纽约从事自己想要做的事——这对于他来说可谓人生的重大选择，他很勇敢。"罗素在回忆起维拉蒙特时这样说道。在纽约，经过对摄影专业短暂而肤浅的了解之后，维拉蒙特（他那时就启用了这个名字）加入了纽约时装学院（Fashion Institute of Technology，简称FIT），其后又选择了帕森设计学院（Parsons School of Design）和纽约视觉艺术学院（School of Visual Arts，简称SVA）的部分课程进行穿插学习。接下来的几年对于维拉蒙特来说可谓收获颇丰——他结交了许多朋友，这些人将在他以后的职业生涯中与他携手共进。

维拉蒙特通过芮妮·罗素结识了造型师韦·班迪（Way Bandy）。从他的工作日记里，维拉蒙特学习到了许多有关"风格和精致"的知识。其后，班迪把他介绍给了当时已经是安东尼奥·洛佩兹画室签约模特的周天娜（Tina Chow）。通过周的引见，维拉蒙特终于见到了少年时期心目中的偶像——届时在时装插画界里已经是大名鼎鼎的洛佩兹。

洛佩兹让维拉蒙特如沐春风，堪称良师益友，他为维拉蒙特提供意见和建议，为他撰写推荐信，偶尔也会提供工作机会，并且，他还邀请维拉蒙特前往巴黎深造。他建议维拉蒙特拜自己从前的导师杰克·波特（Jack Potter）为师（洛佩兹总是鼓励那些胸怀志向的艺术家拜倒在波特门下）。而波特所主讲的"绘画与思维"课程在其执教了近45年的纽约视觉艺术学院里俨然已经成了一门经典课程。

"这绝不是一门乏味的课程，"插画家比尔·多诺万（Bil Donovan）这样回忆道，"那就是一部有关杰克的电影，而他就是其中充满魅力的主角。"波特曾经是时装插画大师卡尔·埃里克森（Carl Erickson）[通常被叫做"埃里克（Eric）"]的好友，也是插画家雷恩斯·鲍奇（Renés Bouché）和格鲁瓦（Gruau）的支持者，他声称他所教授的学生所画出来的线条不能是"相似的、差不多的、也许的"，而一定要是"直的！弯曲的！流畅的！"他坚持一旦进入他所在的502教室，那么一切就要按照他的规则进行。"可是，那实在称不上是一个现代派的领地。"作为一位现代主义艺术家和维拉蒙特的同班同学，查克·尼兹伯格（Chuck Nitzberg）却这样评论波特的课程。波特的授课内容都带有一股他年轻时所在的20世纪50年代的气息——因为那时候的他正受到旁氏（Pond's）化妆品、《时尚》

（Cosmopolitan）杂志、可口可乐（Coca-Cola）等令人垂涎三尺的大公司客户的青睐。于是，即使在多年以后，他仍旧努力地保持着他所接受过的、保守的、贵族的、上流社会样式的绘画训练风格。他所启用的模特也大多气质呆板，肢体语言呈现出旧式、古典的气息。维拉蒙特的另一位同学丹尼尔·查克斯（Daniel Zalkus）在回忆起波特时说："有时候他会允许模特自行摆弄姿势，但大多数情况下，他还是会让他们按照某些规定情景行事，例如：让两个模特坐在桌子前看电视，或者让一些模特摆出正置身于谋杀现场的样子。"当然，这门课程也并非是让学生在课堂上画一画漂亮的模特那么简单，多诺万介绍说："这其实是一门思维训练课，在落笔之前，你的思想会面临极大的挑战。"多诺万回忆起当班上的绝大多数学生还在苦心追求形式感的时候，"维拉蒙特似乎已经开始领先一步，他总是向着已知或未知的领域发起探索。"

维拉蒙特只是在这个班上学习了几个学期，但也是在这期间他的艺术造诣获得了重大的突破。维拉蒙特的作品此时已经变得尖锐而犀利，反映出他在高中时代就已经奉行的某些绘画风格。只不过，在他的直觉里面，他开始发现自己的绘画很难用文字来进行描述。"我努力地去尝试说明，但连自己都很难确认这是一种什么样的风格，"他在日记里这样写道，"在落笔之前，我总是再三构思；我的作品固然完美，但它仍然有被提升的空间。一切都近乎于美好，但我还是得勤奋工作——去画，去绘，去不停地移动我的双手和画作。"

更受维拉蒙特本人喜爱的、也是对他的个性塑造以及艺术进展更具有影响力的当属帕森学院史蒂文·梅塞（Steven Meisel）的课程。梅塞——一位自从高中毕业以后就一直只穿黑色衣衫示人的神秘人物，他的形象总是能够让人过目不忘。尽管只比维拉蒙特年长两岁，但届时的他已经是《女装日报》（Women's Wear Daily）的御用插画师，在那里，他与资深的时尚艺术家肯尼斯·保罗·布洛克（Kenneth Paul Block）共同执掌着这本著名时尚杂志的艺术走向。为了增加自创收入，梅塞还在他曾经学习过的帕森学院一周教授两个晚上的绘画课程。"史蒂文的课程总是令人兴奋的，"尼兹伯格这样回忆道。他的授课内容完全与波特的大相径庭。"他让你领略时尚的世界是有多么的精彩，他可以让你切实地感受到这一切。"梅塞（一个自孩童时代起就认定"时尚是个屁"的人，如今已经是一位声名显赫的摄影师）是为数不多的能够将波特式的"旧时尚"与"当今时尚"完美融合在一起的老师。

在梅塞的课堂上，他所启用的模特也大都是他自己的朋友，例如：莉莎·罗森（Lisa Rosen）、泰丽·托伊（Teri Toye）、斯蒂芬·斯普劳斯（Stephen Sprouse）等人，有时也会请其他的学生担当模特。这不同于一般的艺术创作过程，模特也并非学校指派的，他们都比较年长，并且已经在业界工作了好多年了。梅塞会按照自己的风格装扮他们——通常的做法是从性别上进行搞怪，例如：给一个女孩穿上西装，系上领带；或是让一个男子头顶假发，足蹬高跟鞋。尼兹伯格说："这让他们看上去或是时髦优雅，或是有一点疯狂。"模特摆出的姿势多是搞笑、古怪和夸张的。梅塞鼓励极致的视觉效果，有时他也会亲自示范动作。在整堂课上，他都会把收音机开得震天响，在帕森学院同一所教学楼里授课的其他老师曾经不止一次地下楼来投诉这里发出的喧闹音乐声。在这里，课桌被摆放成圆圈形，模特就立于中心的位置，当学生开始作画时，梅塞就会在外圈快速绕步，嘴里还不停地嚷道：搞砸了！快点！模特已经从T型台上走过来了，你必

（对页图）
托尼·维拉蒙特肖像照
"如果总是自我肯定，恐怕就不会有创造力了。"这张神情忧郁的肖像是由他的弟弟拉尔夫·维拉蒙特在他位于巴黎的工作室里为他抓拍的。
巴黎，1983年

（后跨页图）
罗莎（Rochas）化妆品
作为总是会用新事物挑战观看者眼球的先锋派艺术家，维拉蒙特一般会避开按照惯常的视觉套路进行化妆品的推销。这张为法国罗莎化妆品公司所作的广告招贴上，他直接用眼影粉和眼线笔取代了画笔和色粉笔进行创作。
巴黎，1985年

须赶紧捕捉画面！他成功地营造出一种真实的急迫场景，并且调动着房间里的情绪氛围，尼兹伯格说："有时史蒂文会从背后过来抓住你并摇晃你的肩膀，同时尖叫道：'就是这样！再给力点好么？'如果他喜欢你正在进行的画作，他就会不顾你是否已经最终完成而一把夺过去，然后把它钉在墙壁上以便让所有的人都能够看见。因此，作品能够上墙——这成为当时每个学生的目标，而维拉蒙特的画就总是会出现在墙壁上面。"

梅塞的课程就像是一剂催化剂，不仅让维拉蒙特精炼了他的画技，更是帮助他的事业引入了正题。他在这一时期完成了大量笔触松弛的作品。就像早期的开放式画风那样，他的线条也开始变得有一点尖锐起来，即使是一位旗帜鲜明地现代主义者，却也让步于简洁的线条轮廓和极少的色彩粉饰。"史蒂文让我变得放松，"维拉蒙特这样写道。"我在《女装日报》上看了大量肯尼斯·保罗·布洛克的作品，这使我意识到有一种更加快捷，更加容易的绘画方式值得我去尝试。更加松弛一点，制造一些未完成感。完成画面却不作润色，或者润色局部却不完成整个画面。"

他们俩就这样相互激发着对方的创造力，同时共同分享着一种强烈的秘密语境。当他们在一起时，不少人发现情况变得一些吓人："对他们竟然存在着那么多的看法，"多诺万回忆道，"这似乎已经形成了一种连锁效应，来自旁人的流言蜚语和暗讽甚嚣尘上，他们已然成为别人的笑柄了。通过梅塞，维拉蒙特逐渐为人们知晓。史蒂文俨然成为了维拉蒙特进入曼哈顿社会内部风流小集团的一块敲门砖。每当夜幕降临，他们就会混在穆德俱乐部（Mudd Club）的人群里追求荒唐无稽的感官享受，或是在 54 俱乐部（Studio 54）的舞池里尽情挥洒激情。"我们总是在寻找新的面孔"泰丽·托伊回忆说，"而维拉蒙特正是一个有趣的人，他对时尚充满了热情。"

都市时尚达人的穿衣秘诀就是：幽默而独特。但凡在服装缝制方面采取任何的创新形式都是受到鼓励的。在帕森学院就读期间，维拉蒙特那轮廓鲜明的、以旧式衬衫搭配蓝色牛仔裤式的行头打扮就深受好评，然而这一个人特色很快就因和梅塞日益亲密的交往而受到影响。他发展出了另一种专属于自己的造型风格，而这一风格则贯穿了他的一生，那就是：从对指甲的修饰到罩穿在牛仔裤之外的紧身连衣裙——他几乎都选择了黑色。"他的穿衣打扮非常之特别，"音乐家尼克·罗兹（Nick Rhodes）回忆道：但人们后来也逐渐接受了。"一切都充满了浓郁的西班牙风情，珠宝商比利·搏伊（Billy Boy）回忆时说："我仍然记得他的肩头围绕着大大的披肩，就好像即将要去跳一支弗拉明戈舞一样。他长得很美，有着像马鬃般浓密的黑发，并且总是画着夸张的眉型。"

毕业之后，维拉蒙特选择留在了纽约，此时的他引起了日本女设计师森英惠（Hanae Mori）的注意。森英惠——第一位被巴黎高级女装联合会吸纳为会员的亚洲设计师，维拉蒙特那些风格简洁、原创性极强的作品给她留下了深刻的印象。"他的笔画所透露出来的力量感迅速地吸引住了我"她回忆道。"尽管还不够成熟，但是对于如此年轻的他来说，能够拥有这份极致的时尚敏感度就足够了。维拉蒙特来到我的工作室给我看他的作品集，他似乎很害羞，但依然有能力用极简主义的作品来表达他自己。"其后，森英惠提供给他了一些工作机会，并且建议他前往巴黎，因为在那里，她亦拥有一间自己的工作室。

可是维拉蒙特仍旧停留在纽约等待机会，其间为森英惠

品牌、波道夫·古德曼精品百货店（Bergdorf Goodman）、卡尔文·克莱恩化妆品（Calvin Klein）绘制了一些小型的广告招贴画。随着他的作品集日益变厚，维拉蒙特所面临的问题也变得日益复杂起来——他的画作经常遭到客户的否定或是被要求进行修改。"他太超前于他所在的那个时代了，那会吓到当时的人们的。"发型师鲍勃·拉辛（Bob Recine）这样说道。即使他的画作受到起用，但是使用的方式也越来越让他觉得沮丧。就像他之前的众多时装插画师一样，1982 年，他听从了森英惠的建议，启程前往巴黎。"在那个时间段里，纽约似乎要比巴黎保守得多。"拉辛回忆说。"但凡想要了解我们这一行的游戏规则，那么就非去巴黎不可。"

在护墙广场（Place de la Contre Scarpe）附近安顿下一间小小的工作室之后，维拉蒙特开始四处寻访这座城市里的代理商和设计屋。维拉蒙特不会说法语，也很难找到能够接受他这种画风的项目。他的作品集让人看上去既充满了前途，却又都显得完成度颇为欠缺——这真是一个不祥的开端。时任德米尼昆·贝克莱尔（Dominique Pe-clers）助理的尤金倪亚·梅里安（Eugenia Melian）还记得身型小巧、用黑色织物围裹住自己的维拉蒙特前来她所在的流行预测公司求职的情形。"尽管我的职位很高，但当时还是被叫去充当了翻译，"她回忆道，"当我翻看他的作品集时，我把我的电话顺势留在了桌子上。我记得我对他说：'你根本不可能来这里工作。'"之所以这样做，是因为梅里安已经意识到公司很有可能会拖垮和剥削这位年轻人，而不会给予他完成自己作品集的时间。

梅里安在那天晚上又单独约见了维拉蒙特并给他提供了有关事项的指导与介绍，她也因此成为维拉蒙特在法国的三位经纪人之一〔另两位是凯瑟琳·马蒂斯（Catherine Mathis）和马里恩·德·博普雷（Marion de Beaupre）〕。凭借与多家大牌时装屋的良好关系，梅里安打了许多电话，召集了所有她所认识的人。"我叫来了英国版 *Vogue* 杂志的编辑露辛达·钱伯斯（Lucinda Cham-bers），我们是旧时同窗；我还请来了国际羊毛局（Woolmark）的让·皮埃尔·乔利（Jean Pierre Joly），他们公司曾经资助了许多设计师的发布会；总之，但凡是有可能推开的门我都去一一尝试了。"同时，梅里安还帮助维拉蒙特完成了他的作品集——她从时装屋借来了衣服，并且亲自担任模特。"我会坐在他那间狭小的公寓里为他摆出某种姿势"她回忆道，"他把我的头发剃了，塑造出一个莫西干人的发型。我会从晚上 7 点一直坐到凌晨 2 点。为了他，我简直是不择手段，尽可能多地将他介绍给周围的人。"

巴黎接纳了维拉蒙特，*Marie Claire* 杂志以及奢侈品书籍出版商 Prosper Assouline 旗下的全绘本时装杂志 *La Mode en Peinture* 很快就向他抛出了橄榄枝。到了 1983 年，维拉蒙特卖掉了原先的工作室，买下了位于时尚气息浓郁的萨克斯大道（Avenue de Saxe）7 号一座气派公寓的三层。这是一个典型的 19 世纪风格的建筑空间，几乎占据了整个楼层的面积，里面还有三个巨型的壁炉。这间公寓简直是"令人难以置信的"，维拉蒙特的密友索菲·德·泰蕾斯（Sophie de Taillac）这样回忆道，"整间公寓尽是白色，里面没有太多的家具陈设，一张画桌、几间卧室和一间厨房——就是这个沙龙的全部。维拉蒙特成为一个生活在白色空间里的黑衣人。我可以在任意时间里按响他的门铃，而他也总是会起身给我开门。"维拉蒙特的新公寓很快就变得和沃霍的"工厂"（Factory）一样声名狼藉。他看起来似乎总是在试探创造行为的底线，于是在他的身边迅速召集起一批年轻的模特——其中有女

神级别的姑娘，也有愿意和他一起尝试各种创新活动的志同道合者。这些人中包括了鲍勃·拉辛（Bob Recine）、化妆师保罗·高博（Paul Gobal）、造型师弗雷德里克·洛尔卡（Fréd érique Lorca）以及工作室经纪人苏珊·古埃德（Susann Güenther）。这也是维拉蒙特雇用并围绕着朋友所进行的职业生涯的开始，可以说，他将自己的个人生活与专业发展天衣无缝般地融合在了一起。然而，维拉蒙特的小团体与主流社会总显得有些格格不入，因为如同放荡不羁般的意识行为却恰恰是他们创作激情的基础。

"在 20 世纪 80 年代，这种十分贪图享受的生活方式在巴黎的中产阶层十分盛行。"洛尔卡回忆道，"人们总是成群结队而来，模特们用电话招之即来，维拉蒙特会把他们都画下来，或者用宝丽来相机进行拍摄后再进行修改。"灵感一旦涌现，创作过程即刻变得毫无章法可言——维拉蒙特就是在这样一片混乱中茁壮成长。但事实证明，一切都不成问题。

"电话整日响个不停。"古埃德回忆道，邻居们对这里传出的噪音深恶痛绝。"通常是音乐声。"尤金妮亚·梅里安说，"歌剧或是菲利普的古典乐曲……维拉蒙特总是喜欢高音符号。把你自己想象成一位歌剧演员——他会这样启发他的模特——试着唱到最高音域。"

在古埃德的回忆中，维拉蒙特通常是从很晚的下午时间开始作画，然后一直持续到次日凌晨的四五点钟。"出于对交稿日期的恐惧时常刺激着他以一种孤注一掷的方式进行着自己的创作，"她回忆说。你在一旁观察他沉思构图的模样——那感觉简直棒极了。他的创意看起来都是即兴的，仿佛丝毫不费气力。他是如此的聪慧，凡事对他来说都是那么的容易，好像根本无需任何抗争，没有咕哝和呻吟，也没有因为苦闷而被捏扭在专注于绘画事业的同时，维拉蒙特也投入了同样多的精力去经营自己的社交生活——两者总是保持步调一致。他是老码头餐厅（Le Sept）和蒙马特区市郊街上皇宫俱乐部（Le Palace on Rue du Faubourg Montmar-tre）的常客。其中，这家传奇夜总会的创始人是法布里斯·埃马尔（Fabrice Emaer），他沿袭了纽约 54 俱乐部的声誉，让他的俱乐部成为了喜爱漫谈的巴黎人过夜生活的一个重要场所。在超现实主义珠宝设计师比利·博伊（Billy Boy）的记忆中，他说："维拉蒙特极为逗乐，他可以用泰然自若的沉着语气讲出又多又吸引人的趣闻轶事。"和他当时最好的朋友——塔克西斯家族的格罗瑞亚公主（Princess Gloria von Thurn und Taxis）一起，他们每天都会通宵达旦地厮混在这家号称首都最前卫的夜总会里，不断地探索着——而这里最终也成为时尚的发源地。"就像是《爱丽丝漫游奇境》中的情景"这位以其令人眩晕的发型而闻名的充满戏剧性的公主这样回忆道，"对于我们来说，那里的一切都显得有点儿不同寻常，因为我们当时都太年轻了，但是我们认为仍然可以一试究竟，并且乐在其中。"在工作上从来不会懈怠的维拉蒙特，甚至从每晚的冒险活动中获得了大量的工作机会。"那时的巴黎真是一个大的村落。"梅里安回忆说，"人和人之间都彼此相识，艺术家们的谈话都是非常直白的。"

梅里安的电话策略给维拉蒙特带来了像英国版 Vogue 这样的大客户，在 1983 年 11 月的期刊上，维拉蒙特为一系列名媛绘制了肖像，起名曰"新派美女"。"他的画作令我震惊。"时尚编辑露辛达·钱伯斯说，"它们是如此的完美，却又显得如此的轻松洒脱。"继成功地吸引了像英国版 Vogue 主编比阿特丽克斯·米勒（Beatrix Miller）这样资深业内人士的

目光之后，钱伯斯又为他介绍了一单为巴黎帽商钱伯斯品牌（Chambers）绘制数十张广告画的业务，而帽子设计师斯蒂芬·琼斯（Stephen Jones）则紧随其后，也成为了维拉蒙特的客户。彼时，琼斯正在向高级时装界进军，他对于维拉蒙特那种时髦的巴黎人式的谈吐记忆犹新，并且为 Vogue 杂志社所展现的那个活力十足的世界而激动不已：那些前往纽约的紧张的工作电话、年份香槟酒、层出不穷的主意点子、在上午 11 点钟之前或者突如其来的一通脾气……维拉蒙特坚持工作与生活融为一体的原则，他要求模特们都留着浓密的头发，化妆，并且穿着得体——因为只有这样，他才能够开始作画。他对于模特的外形标准也特别上心，尤其注重鼻子的形状。他要的不是漂亮"姑娘"，因为他认为漂亮的女孩反而没有必要戴帽子……"他在一天之中大约要绘制出上百张手稿，在我印象里，画稿堆得很高。每张稿子大约花费 5～10 分钟，甚至比这更短的时间。"莱斯利·维纳就是当时担任琼斯品牌的模特，她记得每当捕捉到一个好的姿态后，维拉蒙特都会愉快地大叫起来："就那样，别动！"然后他就会和你一直滔滔不绝的讲话。

一旦开始作画，维拉蒙特便会全情投入其中。他可以持续作画好几个小时，充满了创作的激情和全场控制力。梅里安记得，曾经他是那么地兴奋于正在做的事情："他的手指被割破了（当时他正在用刀片削铅笔），鲜血滴得哪儿都是，可是他仍旧没有停下来的意思。"那一年，维拉蒙特的生活以狂

（上页图）
"最佳五位设计师"时装展在东京，维拉蒙特的时装画作品参加了"最佳五位设计师"时装展，由此对新一代的设计师和插画专业学生产生了巨大的影响。
日本，1984 年。

（对页图）
蝴蝶夫人
这是一幅为森英惠夫人所创作的色彩笔肖像画，她也是维拉蒙特的第一位赞助人和最热忱的支持者。当面对一位美国记者提出的有关"是在哪里发现维拉蒙特"的问题时，森英惠夫人是这样回答的："反正不是在你家后院。"
日本，1984 年。
森英惠高级女装系列
感谢森英惠基金会提供

热的节奏在进行着。随着他对于期刊插画、广告海报和肖像画等业务变得越来越游刃有余，他的国际声望也得到了提升，1983 年 6 月，维拉蒙特开启了他的第一次东京之行。在森英惠的引荐下，时任"最佳五位设计师"（The Best Five）时装展创意总监的平面设计师田中一光（Ikko Tanaka）额外邀请了维拉蒙特，请他为日本每年举办的这项时装大展绘制推广海报，而这一展览旨在为了表彰本年度最具国际影响力的设计师而举办。这一年入选的五位设计师是：薇薇恩·韦斯特伍德（Vivienne Westwood）、卡尔文·克莱恩（Calvin Klein）、詹弗兰科·费雷（Gianfranco Ferré）、克劳德·蒙塔纳和森英惠。"相较于纽约、巴黎或是伦敦，东京更加适合于我，因为那里遍地活力四射。"——维拉蒙特如此表达自己的感受。

在伦敦时，维拉蒙特的作品就早已经被包括 Vogue 和 Tatler 等在内的康泰纳仕出版集团旗下的一众纸质时尚媒体定义成为高端时尚的典范，他与雷·佩特里（Ray Petri）的不断升温的友情也为他打开了一扇新的大门。佩特里原先是一名造型师，之后一度成为让人羡慕的工作类型的代名词，因而也一直是英国街头流行文化的风向标。在那个垫肩和权力感服装盛行的年代，佩特里总是能够以一种非常自然而又随意的方式将经典的高级女装单品和街头服饰混搭在一起。经过与几个朋友的共同努力，佩特里创立了 BUFFALO 品牌，这个品牌能够毫不费力地为顾客提供早期《i-D》杂志和《The Face》杂志所推崇的那一类服装搭配风格。由于和佩特里的私交甚好，维拉蒙特成为了 BUFFALO 设计小组的外围成员，他着重参与团队的开发创作，当摄影师杰明·摩根（Jamie Morgan）为佩特里的产品进行拍摄时，他还经常会在一旁即兴勾画草图。佩特里让维拉蒙特在时尚体系之外开发了一个新的项目，这也成为了维拉蒙特在伦敦的主要工作来源。

经过佩特里的介绍，珠宝设计师尼基·巴特勒（Nicky Butler）让维拉蒙特为他位于伦敦富勒姆路的店面设计两个广告牌，他仍然记得那两件作品在他眼前打开的情景。我当时想要一些与 1984 年奥运会相关的元素，例如：引用一张莱妮·里芬斯塔尔（Leni Riefenstahl）的照片之类的。于是，维拉蒙特首先勾勒出了雷（Ray）犹如被雕刻出来一样美丽的脸庞，接下来又给她加了一些耳饰——音乐就这样从画面里流淌了出来。维拉蒙特随后提议可以将这一主题贯穿全场，于是他又画了一些小的作品，这些作品无一例外都打动了他的雇主，它们都被安置在店铺的橱窗中对外展示。其后，维拉蒙特所承接的项目还包括了 Boots 化妆品，女装品牌 Joseph and Browns' 位于南莫尔顿大街上的店铺等。

1984 年，梅里安重新定居意大利，此时的意大利正处在各行各业蓬勃发展的时期，梅里安开始向米兰的创意团体推荐维拉蒙特的作品。在看了维拉蒙特的作品集之后，麦琪·纽曼（Maggie New-man）在 Audience 杂志中赞许道：维拉蒙特或许正是吉尼斯公司（Genius Group）的合适人选。众所周知，吉尼斯是一家创立了很多风格迥异的标志的创意公司，堪称业界的风暴坦克，它的客户包括有 Diesel、Goldie、Replay、Bobo Kamin-sky、Martin Guy 和 Ten Big Boys 等著名品牌。牛仔裤设计师高德施米特（Goldschmied）当时想要创立一个全球性的品牌，他认定维拉蒙特是负责这一品牌的最佳人选。这标志着自高中时代第一次举起相机以来，维拉蒙特的职业生涯又开启了一段新的篇章。此时，大号的宝丽来相机成为了维拉蒙特的新利器，他可以利用偏光片和画笔增加他想要的颜色或者去掉不想要的。

维拉蒙特的摄影作品体现了很多他的绘画特点，风格中

途或许有所改变，但最终得以回归。在私底下会给他提供很多创意秘诀的巴里·卡门（Barry Kamen）的帮助下，维拉蒙特逐渐变得强大起来。当维拉蒙特作画时，他总是备受期待，这也给他带来了不小的压力。渐渐的，维拉蒙特的艺术创作开始被时尚的传统习俗所束缚。当 1984 年末尼古拉斯·德瑞克（Nicholas Drake）打来电话时，维拉蒙特正迫切需要甩掉传统的标签并且切断与商业创作之间的联系。他甚至认为谎言才是艺术创作的源泉，是存在于设想中的灵感的创作者。维拉蒙特说："我正处于转型期，我不想做一成不变的事。幻想是一座桥梁，它可以带领我们走向另一个领域。我甚至还想拍摄一部纪录片。"维拉蒙特是一个闲不下来并且从不自我满足的人，他需要持续的刺激："我要寻找新的点子，我想一直保持创作时的焦虑和不安全感，一旦我发现不能继续创作了，我会进行自我革新。"他开始尝试通过吸食更多毒品来寻求灵感，鲍勃·拉辛说："维拉蒙特是想在某个特殊的角度看到颜色，而不仅仅是从客观的层面。他在寻找超越他自己的东西，谎言告诉他毒品是一条新的捷径——尽管这条路不是正道。维拉蒙特很快对海洛因上了瘾："我认为可卡因对他来说力量太小了，他想要压倒性的感觉，海洛因能给他所想要的。"

拉辛认为维拉蒙特对自身创造力的开发源自于他对于毒品的依赖，他对时尚天生敏感，对事物的见解独到而且迷人。事实上，维拉蒙特是不看时尚杂志的，他只看过期的期刊或者只看人物报道，在他的作品中你永远不会发现别人的东西，你当然也不会知道他的灵感究竟是从哪里来的。拉辛认为维拉蒙特其实开启了一种"海洛因式的颓废时尚"——从一定意义上说，这并不是一种外观的塑造。维拉蒙特变成了瘾君子，他将自己周围的一切都进行了再次创造。"没有比他表现得更为真实的了——作为男性，他化妆并精心修饰自己的外表；他戴着帽子和头巾——他总是穿戴着那一类的东西。维拉蒙特在那个时代创立了属于他自己的潮流，接下来的时尚工作也都是他自己意愿的映射。这或许听起来很神秘。"他说："其实我的作品只是我的简单设想，我只是想借此来表达某种心情。"由此可见，维拉蒙特其实把他自己也当做了一种信息传递媒介和信息本身。

尤金倪亚·梅里安回忆说："维拉蒙特依靠吸食毒品寻求灵感的习惯很快就被大众知晓，人们开始消遣他的这一陋习……他开始阻断了许多与巴黎业界的联系，这点上他做的并不是很好。"西里尔·布鲁尔（Cyril Brule）说："他开始出现幻觉，经常迟到，要求不可能实现的事——维拉蒙特逐渐变得极其难以相处。尽管得了幻想症和拖延症，但是他的艺术天分还是足以得到人们的尊重。"鲍勃·拉辛说："在维拉蒙特的巅峰时期，他是巴黎的香饽饽——因为他开创了一条新的道路，人们意识到这一点并且给予了相应的尊重。而之所以他的毒瘾和戏剧性的人生同样能够被人们所接受，那也是出于人们对此的新鲜感。由于他不稳定的精神状况以及独到的视角，一些来路不明的客户开始频繁地登门拜访，但是维拉蒙特有他自己的原则，如果想与他合作，那么就必须遵守他的原则。"如果你想给他灌输新的东西，却又怎么不了解他，那么事情就不好办了。"拉辛说。维拉蒙特不想要工作，因为他不想随波逐流，他只是想要创造。"西里尔·布鲁尔回忆说，维拉蒙特有时会去参加广告会议或者与某位艺术总监进行会面，他们通常会给维拉蒙特一份简要说明来阐释他们想要的东西，而维拉蒙特却会回应道："算了吧，你们的意见都是狗屁，这原本应该是由我来为你们制定的"。

跟艺术总监和顾客在一起时，维拉蒙特习惯了随心所欲，"每当他发现不能按照自己的意愿行事的时候，他的创作状态便遭到了绝对的、毁灭性的打击。"拉辛说。为了让人们为他们的愚蠢付出代价，他实际上要做的就要让人们知道自己面对的是谁。

他会生气，但并不是如你想象中那些化妆的男人所表现出来的样子。维拉蒙特在工作时非常阳刚，甚至还很狂妄。如果人们不理解或不赞成他的作品，他还会做得更加过分。他的目的只是为了让人们知道，当下所看到的一切难以接受的事情，在未来都会找到答案。对于很多人来说，与维拉蒙特的合作都止于仅有的一次；但对于另外一些人（诸如克劳德·蒙塔纳和森英惠）来说，则认为他是做出了具有纪念意义的作品——他们在项目的进行过程中都给了维拉蒙特难以置信的自由度。

"维拉蒙特和森英惠的关系实在是绝对完美的结合。"鲍勃·拉辛回忆说。她对他像自己的儿子，会给他很多自由的空间去表达自己的意图。她对他不做任何指导；她看到了他身上作为图解者的天赋，并且驾驭了它。那时候没有人接触维拉蒙特，或许一些人试图去探索新的创作方向，但没有人真正地愿意以他的方式去进行尝试。逐渐地，维拉蒙特的角色也发生了变化，他不仅仅是森英惠时装屋的插画师，他甚至还匿名协助森英惠完成了她的高级时装系列设计。那时森英惠十分看重她作为作品的唯一创作者公开亮相，但她有赖于一个由草图插画师组成的小型创作团队，为她每年完成数以百计的礼服设计。维拉蒙特加入了兰德尔·梅尔（Randal Meyers）为首的工作室，他们一起绘制设计稿，不断地推出印有蝴蝶夫人的优雅雪纺礼服。"对于维拉蒙特和大多数设计师来说，森英惠是十分可敬的。"梅尔回忆说，"她会私下与我们交谈，审视一下我们所提交的草图，在我们提供的方案中选出她认为最好的。如果维拉蒙特知道你如此尊敬他就好了，你恐怕遇不到比他更有魅力、更善于合作的人了。"

"没有人比他更敬重森英惠了。"拉辛说，他甚至会为了她改变自己的原则。

同样地，克劳德·蒙塔纳给予维拉蒙特了前所未有的自由的尺度。"我想让他去做自己喜欢的，"蒙塔纳回忆说，"他是个艺术家，有时候甚至必须把我的草图给他作为参考他才能对我的服装系列的廓型产生点想法；必要时还得给予一些色彩使用的指导。那时候，设计师需要对 10 ～ 15 组的色彩进行陈述。然后维拉蒙特会从中挑选一组进行草稿的绘制。他很容易沟通，行动也很迅速。"蒙塔纳的时装秀设计稿无论在风格上还是表达上都是最好的，维拉蒙特每年为此推出的邀请函很快就成为收藏家们的心头好，也成为城中最火爆的门票。

玫瑰如此红艳
阿卡狄亚乐队专辑封套（上图）
维奥莱塔·桑切斯（Violeta Sanchez）的这个形象或许是维拉蒙特笔下最具代表性和最为人们所熟悉的人物形象。
创作者：维拉蒙特

凭借着蓬松的头发和施以粉黛的装扮，尼克·罗兹（Nick Rhodes）、西蒙·勒邦（Simon Le Bon）和罗杰·泰勒（Roger Taylor）（上图从左至右；对页是罗杰）为自己赢得了"摇滚界最漂亮男孩"的称号。维拉蒙特用签字笔在光滑的纸张上以自由流畅却又肯定的笔触进行人物肖像的创作——这是他艺术造诣很重要的一个环节。
纽约，1985年。
尼克·罗兹私人收藏

1984年，时尚界开始真正接受维拉蒙特——他在时尚圈得以重生。在时尚编辑弗兰卡·索萨妮（Franca Sozzani）的引荐下，他受到女装设计师瓦伦蒂诺·加拉瓦尼（Valentino Garavani）的邀请前往罗马，在意大利版 *Vogue* 杂志上为品牌成立25周年创作一系列的画作。索萨妮回忆说，虽然人们习惯于将瓦伦蒂诺女装归类为古典风格，但事实上，吉安卡洛·吉米迪（Giancarlo Giammetti）（瓦伦蒂诺女装的品牌经营合作伙伴）却一直在寻找年轻、前卫的人前来一起工作以保持品牌的流行性。"高级时装在那时是被认作为是十分无趣的。"维拉蒙特的经纪尤金伲亚·梅里安这样回忆道。好在维拉蒙特给了瓦伦蒂诺品牌一个新的扭转："维拉蒙特使瓦伦蒂诺女装显得非常现代。"吉米迪说，"那很重要。我认为时尚通过艺术家来表现时尚会非常引人注目。它将唤起人们的一个梦，而我们出售的正是梦想和浪漫，维拉蒙特恰恰知道如何击中人们的要害。"烦琐华丽的瓦伦蒂诺礼服带给维拉蒙特以灵感，激励他去围绕着顶级华展开最丰富的想象。模特丽莎贝斯·加伯记得："衣服画起来是如此的复杂，这几乎像一个磨炼。"维拉蒙特的在勾画草图时凭的是直觉，线条和颜色从他的手中自然而然地流淌出来。他显得如此无拘无束，吉米迪也这么说："他的动作非常迅速，如果某幅画稿没有打动我，他会便会立刻重画。"

之前维拉蒙特略显晦涩的人生因这次合作而变得五彩斑斓起来，维拉蒙特开始真正拥有了自己的女性拥趸。在他的笔下，加伯的斜眼一瞥比以往更加诱人，她的红唇更加浓艳，她的肩膀扭动得也更为恣意放荡。维拉蒙特用刀片般锋利的线条塑造出一个大胆的、强大的女性形象。"维拉蒙特真正知道如何为他所服务的对象捕捉他们想要的东西。"西里尔·布鲁尔说。

维拉蒙特与瓦伦蒂诺的合作引起了音乐家尼克·罗兹（Nick Rhodes）的注意。英国乐队杜兰·杜兰（Duran Duran）是20世纪80年代最成功的乐团和新兴 MTV 时代的领军人物，歌手形象迅速成为和音乐本身一样重要的元素。在杜兰·杜兰的发展过程中，尼克·罗兹（Nick Rhodes）、西蒙·勒邦（Simon LeBon）和罗杰·泰勒（Roger Taylor）花费了一些时间试图去重新发现他们的音乐灵感，并且由此分离出了一个实验性的乐队小组，起名叫"阿卡狄亚"（Arcadia）。阿卡狄亚推出了一张名为《玫瑰如此红艳》的专辑，这张专辑里充满了喜怒无常的曲调，营造出一种既错综复杂又极其前卫的音乐氛围。尼克·罗兹挑选了维拉蒙特的画作作为专辑封

面，这幅作品充分代表了这个乐队所奉行的美学观点。罗兹是在巴黎经由模特维奥莱塔·桑切斯（Violeta Sanchez）介绍给维拉蒙特的，他十分喜欢维拉蒙特的绘画风格。"我认为维拉蒙特是一个更新的前卫版安东尼奥·洛佩兹。"他回忆说。历史上，人们一直认为是罗兹制定了乐队的视觉形象，当时的他就认为选取这张艺术画要比起用一张摄影照片更为合适，他说："它很好地传达出这张专辑所要表现的感觉——那就是流动和美丽。"

罗兹回忆说，这张以桑切斯为模特的封套设计是维拉蒙特所建议的备选方案。他们之前已经形成了很好的合作关系，并且我们都很喜欢维奥莱塔的形象。她是上天打造的一个精品，从各个角度看起来都很漂亮。她的举止是首屈一指的，她知道怎么摆放她的手臂以及如何塑造出一个优美的身体姿态。一旦我们决定起用桑切斯，我们真的是放手让维拉蒙特自由发挥。此后几个月的绘画工作都在纽约麦迪逊大道上由安德莉·普特曼（Andree Putman）所设计的摩根酒店里进行。对于维拉蒙特而言，他一直把这个项目看作是自己在巴黎功成名就后胜利返回纽约的标志。

维拉蒙特"非常知道自己想要的是什么，并且也不断地改变着自己的风格。他把桑切斯的头发用围巾包裹起来，然后给她藏上大耳环，将嘴唇和指甲涂抹成鲜红的颜色。他势在必得，他一直画啊画啊画……"罗兹回忆道。而桑切斯回忆说，"维拉蒙特一天坚持近12个小时持续作画，如此坚持了一个礼拜。这真是一项艰苦的工作，一旦发现了他所喜欢的姿势，他就会让你一直保持不动。"维拉蒙特最初工作的时候显得比较紧张，要求也很严苛，直到他感觉已经找到了自己所寻求的东西以后，才会变得兴奋。维拉蒙特掌握了一种非常流畅而迅速的笔触，因此，他完成一副画作通常仅仅只需要几分钟的时间。

罗兹还记得，维拉蒙特为乐队创作画像的时候显得有点更沉默寡言。"我认为维拉蒙特肯定是在描画女性时感觉更加自在一些。他跟维奥莱塔一起晃动手臂，压低帽子，实实在在地创作了一幅又一副的图稿。当与我们沟通时，他却显得不太自然，仿佛更加关心画像的质量。事实上，那并不重要，他也没有必要严格按照我们真实的模样进行绘画。"我对他说："把它看成是一种诠释吧，我们正在寻找的是一种真正美丽的诠释。"最终，《玫瑰如此红艳》的专辑封面完全表达出了唱片里面的心情。在获得白金唱片奖以后，阿卡狄亚小组开始走向衰落，随着勒邦、罗兹 和泰勒于1986年重新回

维奥莱塔有一种优雅的气质以及古典美。

——尼克·罗兹

归杜兰·杜兰乐队并推出新专辑《臭名昭著》（Notorious），阿卡狄亚也最终成为20世纪80年代流行乐坛的一个插曲。

在伦敦、巴黎、罗马和日本之间连续奔忙的狂热脚步逐渐给维拉蒙特的身体带来了毁灭性的伤害，他开始脱发。"头发大把地脱落。"尤金妮亚·梅里安记得，她曾安排维拉蒙特去看医生。他被告知要减小工作强度，因为他的工作压力太大了，总处在高强度的紧张感之中。但他并没有显示出任何好转的迹象，到了1986年底，维拉蒙特被诊断出患有艾滋病，并且病情已经十分严重了。这是性混乱致命的10年，滥用药物也助长了病情的恶化。聚会已经毫不费力地失去了其活力的一面，开始沦为宿醉的场合。"生病后的维拉蒙特变得焦虑、害怕。"布鲁尔回忆说。维拉蒙特唯一一个愿意与之谈论病情的人是他的哥哥爱德华。"当我接近维拉蒙特时"。拉辛回忆说，"他从来没有说过，我有艾滋病。"——这是一种无声的理解。

维奥莱塔·桑切斯
从未被发表过的阿卡狄亚乐队
专辑《玫瑰如此红艳》封套
有着一种恣意的抒情风格。
纽约，1985年
尼克·罗兹私人收藏

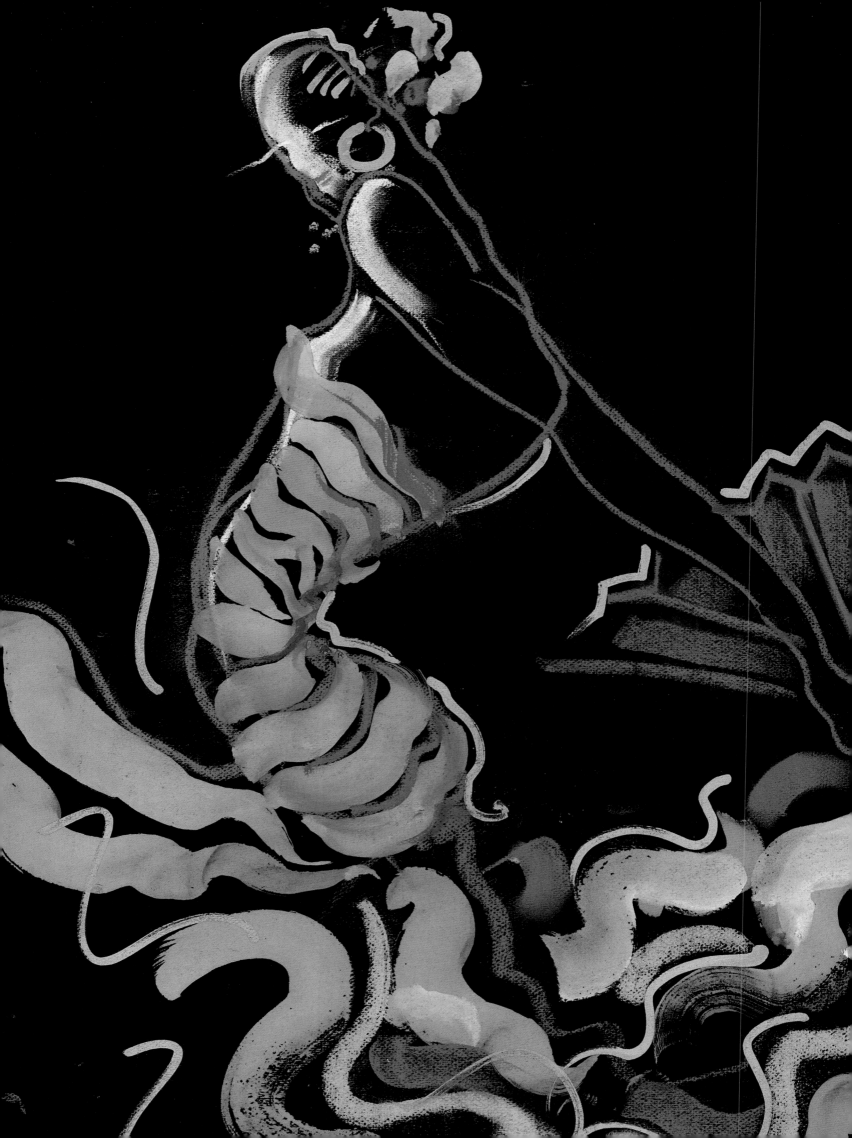

在完成了罗莎化妆品公司（Rochas）的竞选活动以及与尼娜·哈根（Nina Hagen）一起合作为德国版《Vogue》杂志完成封面创作之后，维拉蒙特离开巴黎回到了洛杉矶的家中，在这里他继续零星地接一些工作来做，例如：为珍妮·杰克逊具有开创性的专辑《控制》（Control）设计封套；与 Sly Fox 唱片公司、Motel 乐队以及歌手唐娜·莎曼（Donna Summer）进行一些小型的项目的合作等等。他的身体状况已经不允许他长时间地作画了，因此，他的工作时间变得越来越不规律。"后来，当我去洛杉矶看望他时，他已经变得非常虚弱了。"鲍勃·拉辛回忆道，"我想那时的维拉蒙特会有一点反思他在巴黎度过的那些混乱的日子。那些混乱的岁月为他的工作带来了一些东西——他需要这些东西来证明自己，如果没有它们，他甚至会觉得自己变得不够重要。但此刻，他选择了停止工作，他从原先的心境里跳脱了出来，这使得他发现他其实并没有那么多想要说的话。"

到了 1987 年，当他的健康状况全线崩溃的时候，作为对自己短暂而跌宕起伏的职业生涯的回顾，维拉蒙特选择与日本《流行通信》（Ryuko Tsushin）杂志合作，推出了令人眼花缭乱的个人作品专著集。1988 年 2 月，维拉蒙特进行了也许是他人生最后一次的旅行——他前往日本，参加了由森英惠与出版商共同资助的他的个人作品集的展览开幕式。

在那之后的第 3 个月，1988 年 5 月 23 日，维拉蒙特因艾滋病而与世长辞，享年 31 岁。对于所有人来说，维拉蒙特成为时尚发言人的时间过于短暂，但最起码，他也曾经是时尚的计时员。在举办了仅限家人出席的小型葬礼仪式之后，维拉蒙特被安葬在卡尔弗城（Culver City）的圣十字公墓（Holy Cross Cemetery）。巴里·卡门始终相信维拉蒙特依旧活着，维拉蒙特对于绘画的热爱最终战胜了他去世前不久正在从事的多媒体混合艺术："他有一种与生俱来的天赋——这非常的特别和稀少——他总是对自己的画作能够进行明确有力地表达。"尽管维拉蒙特的生命和创作的终止令人悲伤，但是在他死后的 20 多年里，他的艺术魅力并没有随着时间的推移而褪色，那些极其轻松的马克笔线条以及完美的每一个笔触——都成为对一段职业生涯的永久的证明，而人们对于画家的怀念也会越来越深刻。

扇子舞
以维奥莱塔·桑切斯为模特而绘制的阿卡狄亚乐队专辑《玫瑰如此红艳》封套
纽约，1985 年
尼克·罗兹私人收藏

时装绘画

"画吧，画它，爱它，理解它。"

——维拉蒙特

　　时尚、艺术和生活对于维拉蒙特来说是没有什么区别的，他的审美眼光远远超出他的绘画技巧，并使他成为了一个伟大的商业时尚插画家。他的擅长捕捉稍纵即逝的、顷刻间的人体动态。例如：一个女人将她的外套披在肩上，手持一根香烟或者交叉双腿——这样的小动作会让服装本身和穿服装的女人更加令人印象深刻。

时尚艺术家所扮演的角色是服装推销员，负责讲述一顶帽子或是一条裙子的故事，去诠释一件服装的精华所在或是打造一个理想中的完美形象。为时尚杂志和设计师所提供的插画需要有一个清晰的、明确的主题，以防止在读者的心中产生任何疑问；但同时好的时装插画也必须是能够唤起人们心中欲望的。维拉蒙特的作品成功地传达了服装自身的细节以及由它所引发的情绪姿态。他那流畅的线条给最为普通的衣服以优雅感和活力感。维拉蒙特知道如何强调服装的亮点，并将服装整体提炼成一幅简洁的视觉速记。通过直觉性地去掉冗余的细节，维拉蒙特捕获到了服装给予人们的本质印象，他经常用一个主题覆盖另一个主题，搜寻并且推出看似随意的形状，但其间却充满了穿衣人的态度和情绪——他能够把他看到的一切都转化成为自己的东西。时尚是一种语言，维拉蒙特很快就深谙其中的语法和词汇。

维拉蒙特的第一幅时装插画作品于 20 世纪 70 年代被纽约时报（New York Times）采用，但却是以风格保守的面貌被刊登在报纸的一隅。在这两幅有着轻度模仿之嫌的为露华浓皮草（Revlon Furs）和狂欢节（Charivari）所绘制的画作中，少见其日后擅长的戏剧化的元素，但是却明显地反映出受到安东尼奥·洛佩斯和迈克尔·沃比拉齐画风的影响——那段时间里，维拉蒙特非常恭敬地从他们那里学习到了绘画的方法。随着自信心的增加，维拉蒙特逐渐地形成了自己的艺术语言——并且，这种语言和同行少有可比性。"我需要超越我所做的东西"——他在他的日记里这样写道，"我需要看得深入一些，以把我的作品打造成具有自己风格的东西——更加有趣，更加戏剧化，同时能够给人以很好的感觉。为了达成这一目标，维拉蒙特开始更为广泛地汲取养分——无论艺术成就的高或低，他由此超越了许多现代时装艺术家。在向表现主义画家埃贡·席勒（Egon Schiele）致敬之后，在发展成魅力十足的变装皇后之前，维拉蒙特和曼·雷（Man Ray）以及让·科克托（Jean Cocteau）很快就融为一体。在他整个职业生涯中，维拉蒙特醉心于与变装秀所相关的华丽亚文化，这一兴趣爱好也使得他拓宽了时装绘画的范围。"便装皇后有这样的态度。"他说，"他们总希望能够探索一个女人所能够拥有的、但不属于他们的所有东西。"

1983 年，维拉蒙特开始为一系列的巴黎高级时装作画，这使他的作品变得前所未有地丰富起来，而这些作品的源头都是世界上最具戏剧性和最引人注目的高端时装品牌。他满怀信心地迎接了这一挑战。这一阶段的华丽篇章非常契合他的职业特性：坚硬的外轮廓线、单纯的色块、迫人心弦的魅力在他的马克笔和画笔下源源不断地涌现出来——时装改变了他的作画方式。维拉蒙特在每季的作品发表集上都展示出了他富有智慧和独创性的绘画作品，他那种迅速完成海量最新时尚动态报道的能力甚至超过了专业的时装摄影师。从法国的 Le Monde 和 Marie Claire 到意大利的 Vogue 和 Per Lei，再到在伦敦的 The Face 和 i-D，他的作品很快就大量地出现在这些最知名的时尚出刊物上。事实上，有不少杂志都奉维拉蒙特为时尚插画的新救世主。"维拉蒙特是一个不同寻常的插画家。"编辑弗兰卡·索萨妮回忆说，"他有一双充满力量的手。在摄影一统天下的时界，很难想象一个画家能够表现某个情绪的瞬间。"

维拉蒙特重振了用绘画销售时装的方式。他提醒人们，手绘已经能够实现之前摄影所给人们的眼睛带来的视觉享受。为了开拓新的方向以震撼观众，维拉蒙特不断发展他的

风格并且成长为一个擅长使用铅笔、木炭、墨汁、水粉和拼贴等不同绘画技巧和材料媒介的绘画大师。有时候他甚至会使用口红、眉笔等化妆品代替蜡笔作画。维拉蒙特的画作之所以获得成功是因为它们完全符合现代艺术的定义。当摄影的现实性似乎已经战胜了绘画之时，维拉蒙特用他瘦长的线条成功地让时装绘画重新回到了艺术的前沿。

绘画和摄影都是在讲述时尚的故事，只是两者所用的方式不同。摄影，即使是最虚幻的内容也仍然会被人们当作是事实；但时装插画却容易被看作是一种愿望。托尼·维拉蒙特在绘制时装画时，着重于突破单纯的记录。他描画当时模特的情绪和精神——关于这一点是没有摄影技术可以与之相匹配的。"太可惜了，今天已经没有更多的时装画家了。"伊夫·圣·洛朗在 2007 年时感叹道，"尽管我很敬重摄影师，但我不得不指出他们的工作实际上影响了设计本身……而在一幅插画里，设计是真正存在和具有活力的。"维拉蒙特的时装插画所折射出来的非凡态度和作风是无法被人忽视的，也是不可复制的。这使得他跟前人一样成为一位具有影响力的时装插画家。正如雷内·格鲁瓦（Rene Gruau）的作品体现 20 世纪 40 ~ 50 年代上流社会的自信和优雅一样，维拉蒙特的时装绘画完美地捕捉到了 80 年代年轻时尚女性的风采。

夏奈尔（CHANEL）

自从 1983 年扛鼎夏奈尔的那刻起，卡尔·拉格斐（Karl Lagerfeld）就开始着手复兴这家古老的时装屋，虽然它的名字已经不再显赫，但却仍然意味着独树一帜。在可可小姐去世 10 年之后，拉格斐仅凭着眨眼的工夫就令夏奈尔品牌得到了重生并且培养起新的一批拥趸，他改造了可可小姐设计中的特点，但仍然保留了很高的品牌辨识度，只不过让它变得更加年轻化了。毛圈花式线羊毛套装的底边被提高到了膝盖以上——这吸引了年轻人，一下子就成为了市场潮流，两个套索在一起的"C"字母组合也再次成为时尚人群所追求的身份标志。

克里斯汀·迪奥女装
利落的笔触创造了优雅与魅力，维拉蒙特以其独特风格和大胆的色彩绘制了这幅由马克·伯翰（Marc Bohan）为迪奥高级女装所设计的一件充满力量感的鸡尾酒礼服。
巴黎，1984 年。

克里斯汀·迪奥（CHRISTIAN DIOR）

在 1957 年克里斯汀·迪奥过早地离世以及由伊夫·圣·洛朗短暂入主迪奥品牌之后，1960 年，设计师马克·伯翰接管了这一品牌，直至 1989 年。在迪奥的第一个 10 年里，伯翰把街头风格融进了高级时装，既保持住了品牌的一贯优雅却又不乏年轻的精神，他为此赢得了很高的声誉。

迪奥小姐
原画是为《费加罗报》对该系列的报道而绘制的。这件不对称领口的迪奥晚礼服被维拉蒙特用一系列疾驰的笔触表现出来。
巴黎，1986 年。

宝嘉美
（BLACKGLAMA）

比起外套的裁剪，其醒目的广告更加引人注目——"宝嘉美"是由广告经理简·查希（Jane Trahey）在 1968 年为大湖水貂协会（GLMA）策划推出的品牌，专门致力于深色皮草的设计和销售。早期的广告大片由理查德·艾维顿（Richard Avedon）掌镜，而身裹宝嘉美水貂皮出镜的都是像奥黛丽·赫本（Audrey Hepburn）和伊丽莎白·泰勒（Elizabeth Taylor）这样的超级明星。这个品牌最著名的口号就是："是什么成就了传奇？"它已经超过 40 年成为全页只用黑、白两色印刷的广告经典。

宝嘉美
"是什么成就了传奇？"这一经久不衰的广告用语来自皮草品牌宝嘉美。是貂皮！当然还有为 *Le Monde* 杂志所提供的那些时装画！
巴黎，1984 年。

利昂·维索特
（LÉON VISSOT）

　　诞生于战后巴黎的"维索特"品牌是都市上流社会的主要皮草供货商。维索特公司位于圣奥诺雷街 49 号（49, Faubourg St Honore），只经营最具异国风情的豪华皮草制品。猎豹、海豹和猴子皮毛是其主营项目。继 1960 年维索特去世以后，伯纳德·佩里斯（Bernard Perris）接管了这一品牌［他后来又出任让·路易·雪莱（Jean-Louis Scherrer）品牌的设计师］并以其不同寻常和意想不到的组合设计，使皮草产品恢复了活力。

利昂·维索特
几乎都是肌理的再现——模特酷炫的短发和这件由利昂·维索特出品的质感十足的貂皮饰边俄国羊羔皮外套相映成趣。巴黎，1984 年。

休伯特·德·纪梵希（HUBERT DE GIVENCHY）

纪梵希是一位低调而优雅的设计大师，他的审美是纯粹的、优雅古典的，但偶尔也会玩出令人惊讶的花样。他那法国贵族式的行事做派因与演员奥黛丽·赫本的合作而变得家喻户晓，赫本在《龙凤配》《蒂凡尼的早餐》《窈窕淑女》等影片中都是穿着由他设计的服装。1956年，赫本曾经告诉记者："只有穿上他设计的衣服，才能让我找到我自己。""黑色小礼服"是纪梵希设计的代表作，在黑色小礼服基础上，他衍生出了各种别致的款式和面料——从罗纹棉硬布到意大利绸缎。

奢华的女子
对于贵妇般的优雅，维拉蒙特并不陌生。在这幅表现纪梵希高级时装的画作中，他在款式略显保守的套装里混入了华丽的图案和色彩。
巴黎，1984年。

伊曼纽尔·温加罗
（EMMANUEL UNGARO）

作为巴伦夏加的得意门生，伊曼纽尔·温加罗继承了他对于裁剪技艺的热爱，也
学到了如何用立体裁剪来美化人体的方法。他的设计意在不依靠结构上的拼接或是不
以牺牲舒适度作为代价来打造服装之美，他所设计的飘逸的礼服全都既优雅又性感。
温加罗所推出的时装系列显示出设计师对于色彩和图案的运用炉火纯青。

瓦伦蒂诺
（VALENTINO）

从《妇女时装日报》(Women's Wear Daily)将瓦伦蒂诺·加拉瓦尼称呼为"优雅的酋长"（Sheik of Chic）这一点来看，毫无疑问，他热爱女装——以其名字命名的女装品牌也已经经营近45年。拥有能够打造出任何形式的女性化细节的魔力，他每一季精心推出的镶有褶边的轻薄礼服是天下"白富美"的最爱。为了答谢追随他25年之久的"最佳着装"顾客，设计师委托维拉蒙特绘制一本品牌纪念画册。对于长期致力于打造女性之美丽、纤柔和妩媚的瓦伦蒂诺来说，此举实乃上策，因为维拉蒙特所提供的顽童般的时装插画也正好迎合了这种感觉。

维拉蒙特喜欢那些精湛的细节：蝴蝶结、荷叶边、刺绣……但他毫不费力地就让我们注意到了瓦伦蒂诺设计的精华所在——雪纺绸的肌理质感，珠饰折射出的光彩以及绸缎散发出的柔和光泽——都以一种简洁抽象的表现方式加以表述，甚至变得越来越含糊，最后直至细节的消失。即使画面中模特的性别变得边缘化，但优雅和成熟却是一成不变的表现主题。"这里有我仰慕的作品。"丽莎贝斯·加伯回忆说，"维拉蒙特想尽量表现好我的鼻子，但是他没有做到，因此画面中的我有三种鼻型——我觉得他真了不起。"整个创作过程是在罗马豪华的德拉威乐酒店（Hotel de la Ville）里进行的，维拉蒙特为此还得努力偿还一份客房服务账单，而这笔费用却几乎是他此次创作报酬的双倍。加伯嘲笑说：他真是一个长不大的孩子，只为了他非常小的要求，就会让别人跑遍所有的地方——但那其实也是非常让人愉快的。我穿上衣服，随意地做一些事情，他在一旁绘画——这就是我们工作时的情形。每隔一段时间，他就会做鬼脸，要求更强烈的东西。尤金妮亚·梅里安说："瓦伦蒂诺喜欢绘画，他在意大利版的 Vogue 上买断了数十页版面来刊登时装画——这就证明了一切。"

万岁！瓦伦蒂诺
维拉蒙特创作了一组最具瓦伦蒂诺式感召力的精美广告图像。他用表现力十足的、无与伦比的线条描画出服装的饰边、轻飘飘的礼服和具有现代感的人体扭动姿态。
巴黎，1984年。

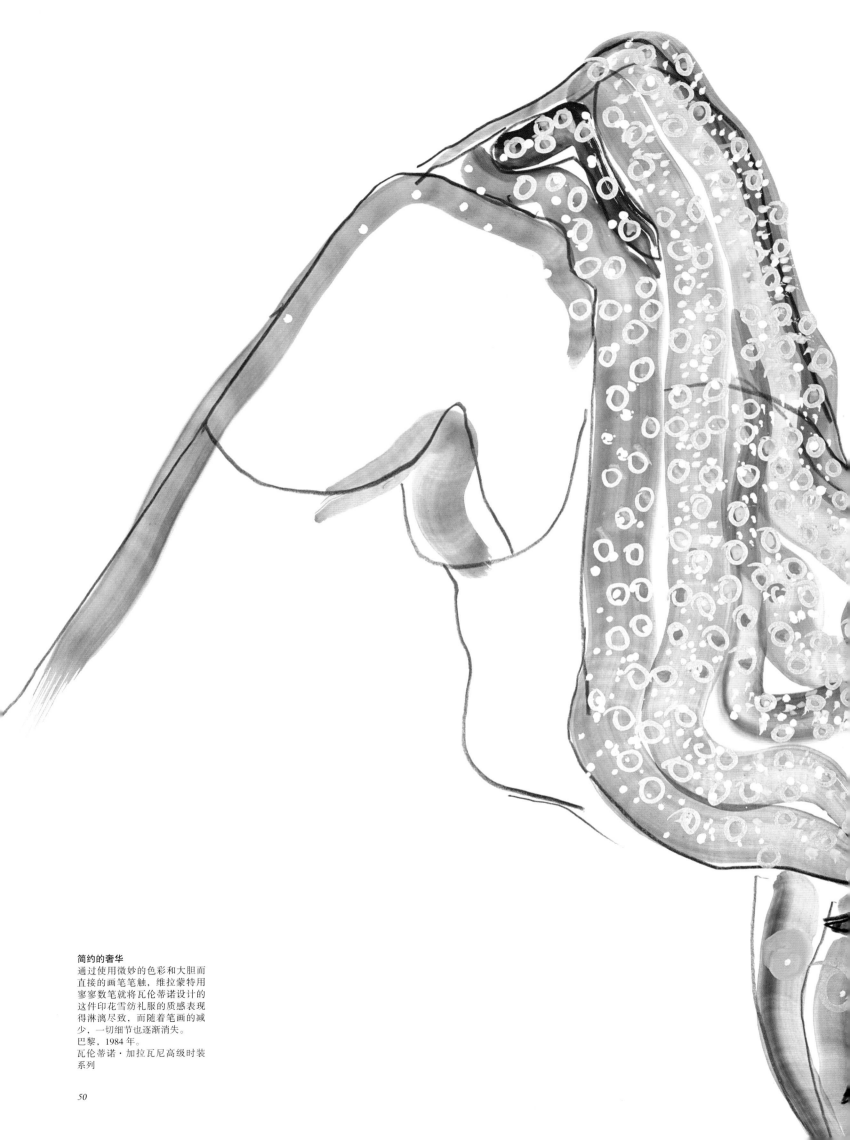

简约的奢华
通过使用微妙的色彩和大胆而
直接的画笔笔触，维拉蒙特用
寥寥数笔就将瓦伦蒂诺设计的
这件印花雪纺礼服的质感表现
得淋漓尽致，而随着笔画的减
少，一切细节也逐渐消失。
巴黎，1984 年。
瓦伦蒂诺·加拉瓦尼高级时装
系列

漂亮女人
作为对传统魅力定义的挑战，维拉蒙特笔下身穿瓦伦蒂诺时装的女性堪称"维拉蒙特的女人"——她的目光变得更加诱人，她的嘴唇颜色变得更深，她的肩膀向前倾斜得更加恣意。罗马，1984 年。
瓦伦蒂诺·加拉瓦尼高级时装系列

三角关系
维拉蒙特喜欢挑衅，也知道如何在画面中添加少许的性暗示以起到点睛的作用。但是无论情节被构思得如何荒诞，作为具有杰出天赋的起稿人，他的画作从技巧上来说都是完美无缺的——画面总是散发出优雅和成熟的气息。
罗马，1984 年。
瓦伦蒂诺·加拉瓦尼高级时装系列

花的力量
出于对奇异褶边和花朵的偏好，维拉蒙特将其标志性的对于繁杂的细节处理与整体服装的奢华高贵完美地结合起来。在这幅以粗线条为主的时装插画中，维拉蒙特对于图案的诉求是"优美地实现"。
罗马，1984 年。
瓦伦蒂诺·加拉瓦尼高级时装系列

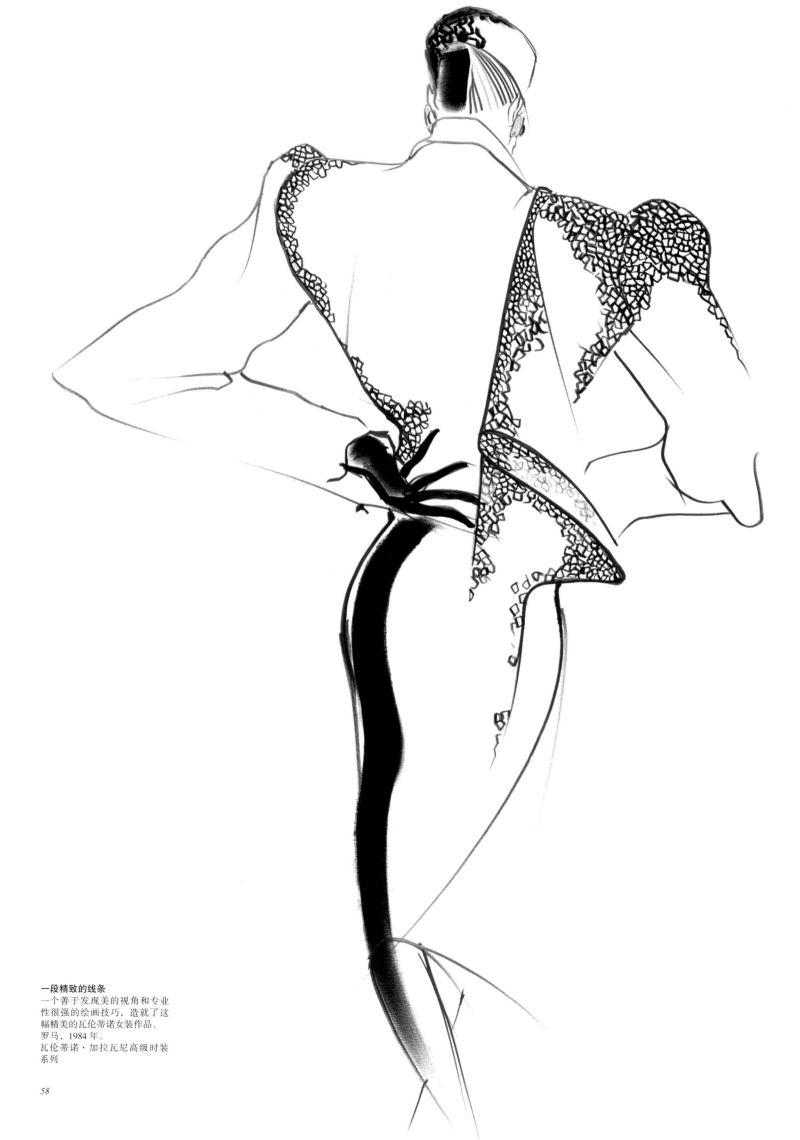

一段精致的线条
一个善于发现美的视角和专业
性很强的绘画技巧，造就了这
幅精美的瓦伦蒂诺女装作品。
罗马，1984 年。
瓦伦蒂诺·加拉瓦尼高级时装
系列

完美的画面
维拉蒙特总是用相同的方法处理模特的发型和妆容——这就如同她们是接受同一个摄影师的拍摄一样。
罗马，1984年。
瓦伦蒂诺·加拉瓦尼高级时装系列

延展的
在这幅画作中，维拉蒙特用细长而变化的线条打造出身穿瓦伦蒂诺女装的优美人体轮廓，在一条起皱的别致短裙之下，线条逐渐消失了。
罗马，1984 年。
瓦伦蒂诺·加拉瓦尼高级时装系列

（对页图）
黑与白
这件日间礼服的细节经由生动的粉笔线条表现出来，画面奔放而华丽。
罗马，1984 年。
感谢意大利版 *Vogue* 杂志提供

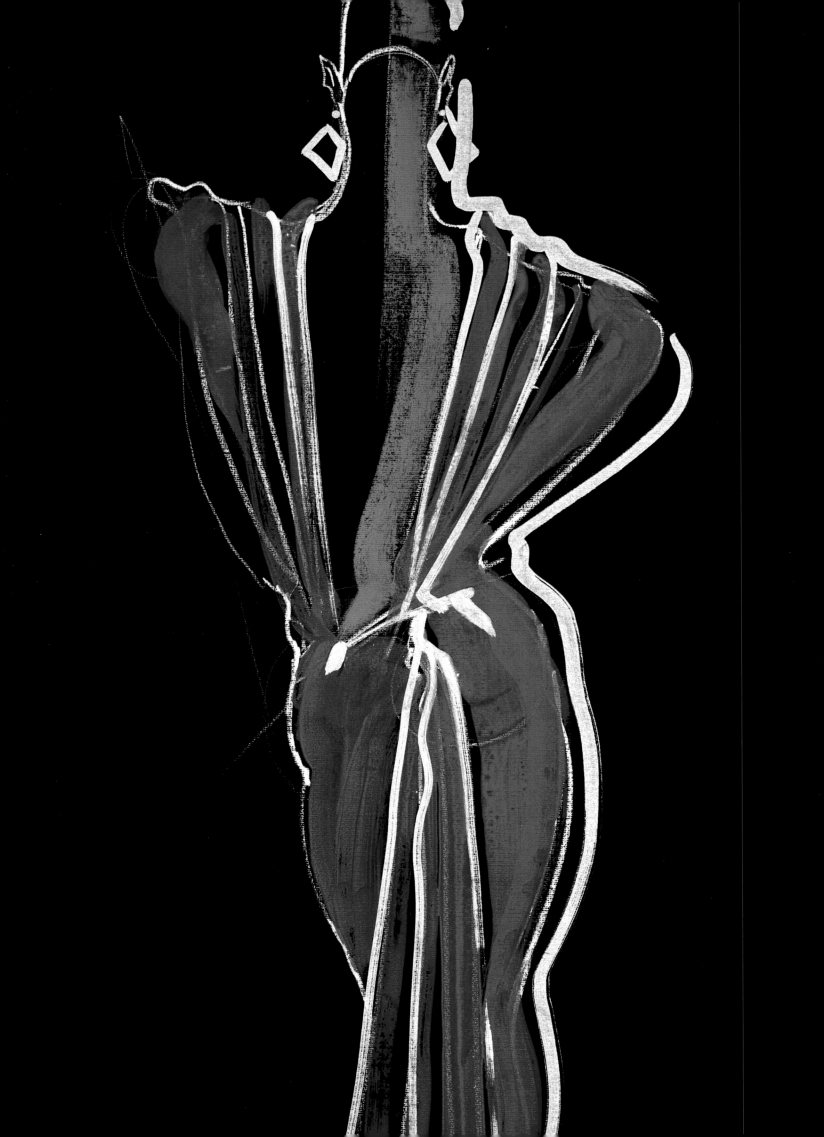

凌波仙子

对于时装插画师来说，像鞋子这类的服饰品一直都是他们乐于表现的对象。维拉蒙特用他那意气风发的笔触和华丽的个人风格将这只正在行进中的鞋子表现得栩栩如生。

罗马，1984 年。

瓦伦蒂诺·加拉瓦尼高级时装系列

（对页图）

穿红衣的女士

"瓦伦蒂诺红色"，一直是设计师独特的个人标志和代表性的色彩，会出现在他每一季高级时装秀场的晚礼服设计中——直至他 2008 年退休。

罗马，1984 年。

瓦伦蒂诺·加拉瓦尼高级时装系列

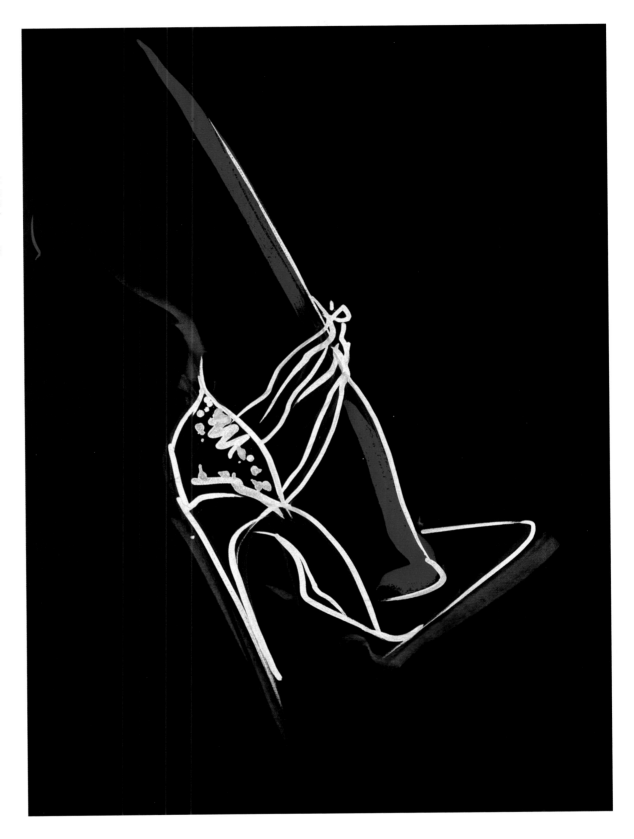

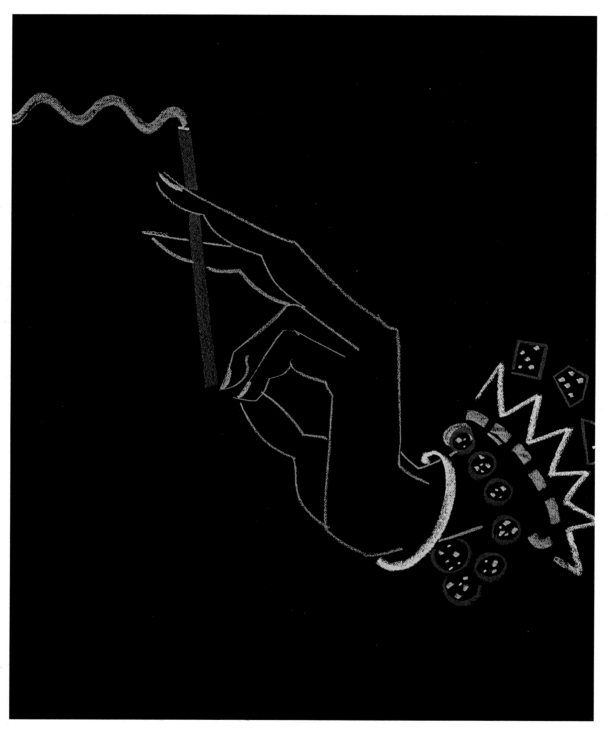

指尖上的高雅
即使在表现局部珠宝配饰时，维拉蒙特那表现力丰富、透露着奢华气息的线条也是那么的生动。
罗马，1984 年。
瓦伦蒂诺·加拉瓦尼高级时装系列

（对页图）
起点
这幅为瓦伦蒂诺品牌绘制的时装画旨在维拉蒙特向他的导师安东尼奥·洛佩兹致敬。
罗马，1984 年。

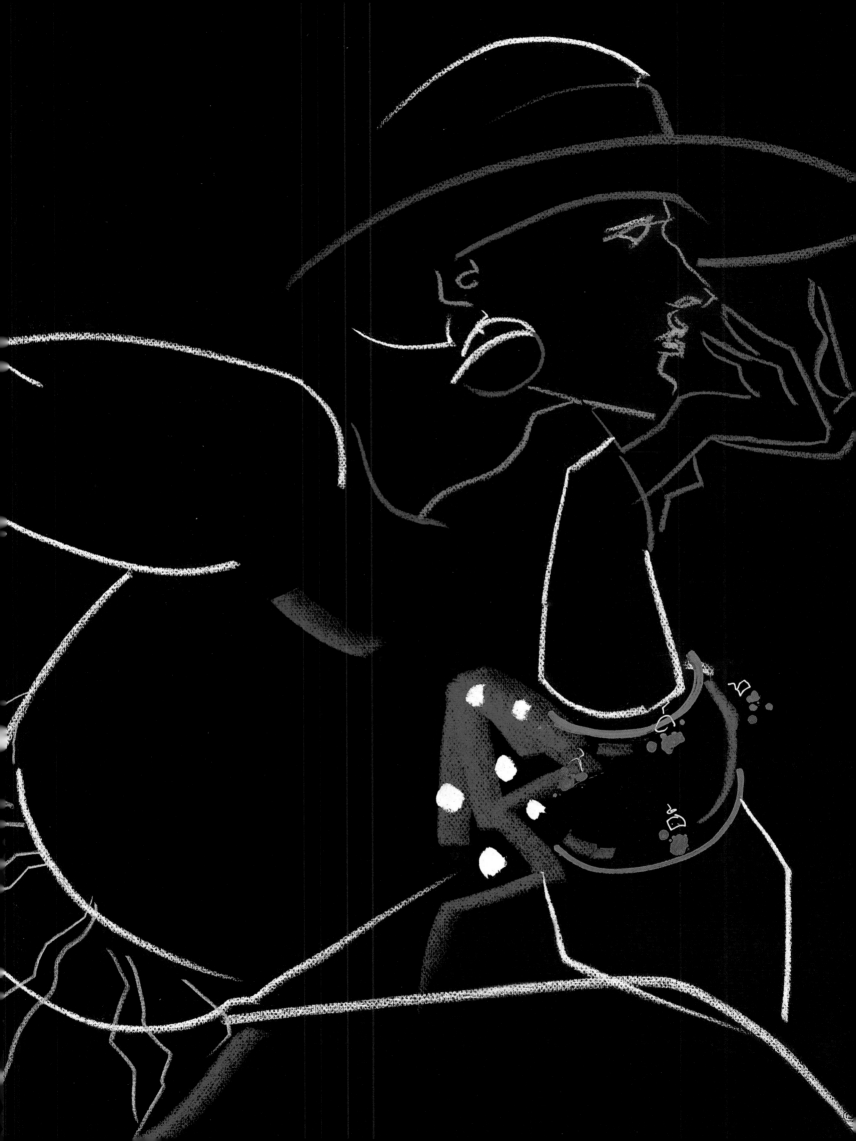

炙热的色彩
令人眼花缭乱丰富的色彩以及
轻松自如的绘画技法在这两幅
瓦伦蒂诺时装画中展现无遗。
罗马，1984 年。
感谢意大利版 *Vogue* 杂志提供

圆点的差异
在这条圆点图案的日间裙装中，
维拉蒙特用他的智慧和创意唤
起了一种游戏精神。
罗马，1984 年。
感谢意大利版 *Vogue* 杂志提供

为成功而穿
维拉蒙特总是喜欢绘制大幅作
品而不喜欢绘制小幅画作。在
这幅为瓦伦蒂诺品牌绘制的时
装画里，他夸大了阔肩的造
型——这是于 20 世纪 80 年代
开始流行的男性廓型热潮。
罗马，1984 年。
瓦伦蒂诺·加拉瓦尼高级时装
系列

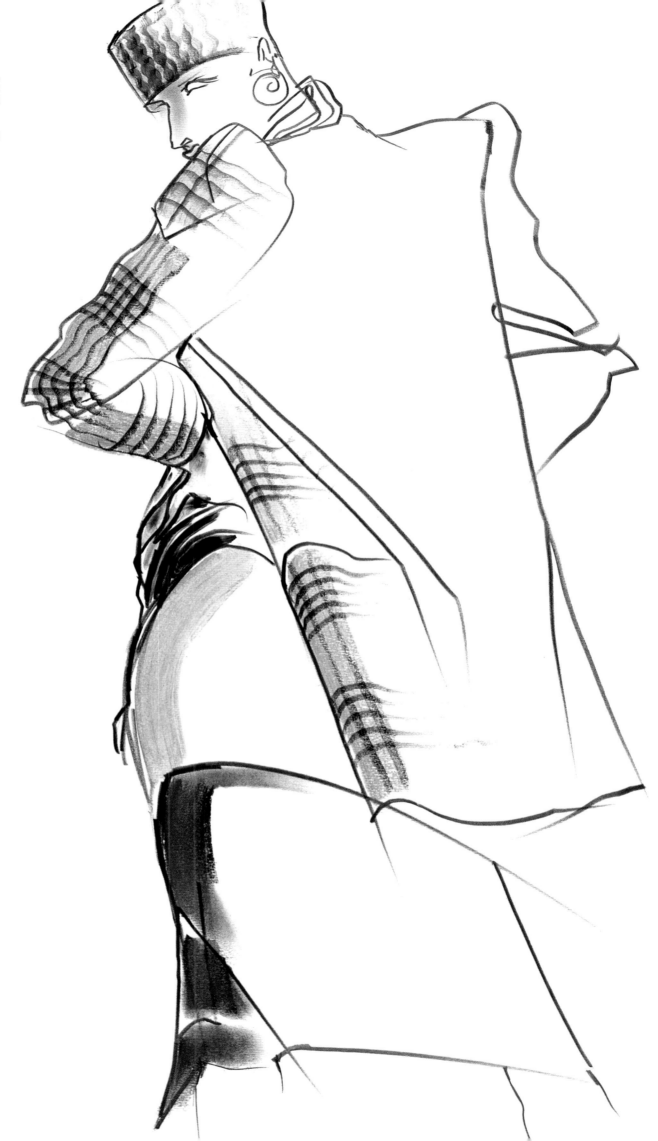

速写本

维拉蒙特在这幅为瓦伦蒂诺品牌绘制的时装插画里有意地忽略了细节表达，而是用尽可能少的笔触抓住了服装的本质。

罗马，1984 年。

瓦伦蒂诺·加拉瓦尼高级时装系列

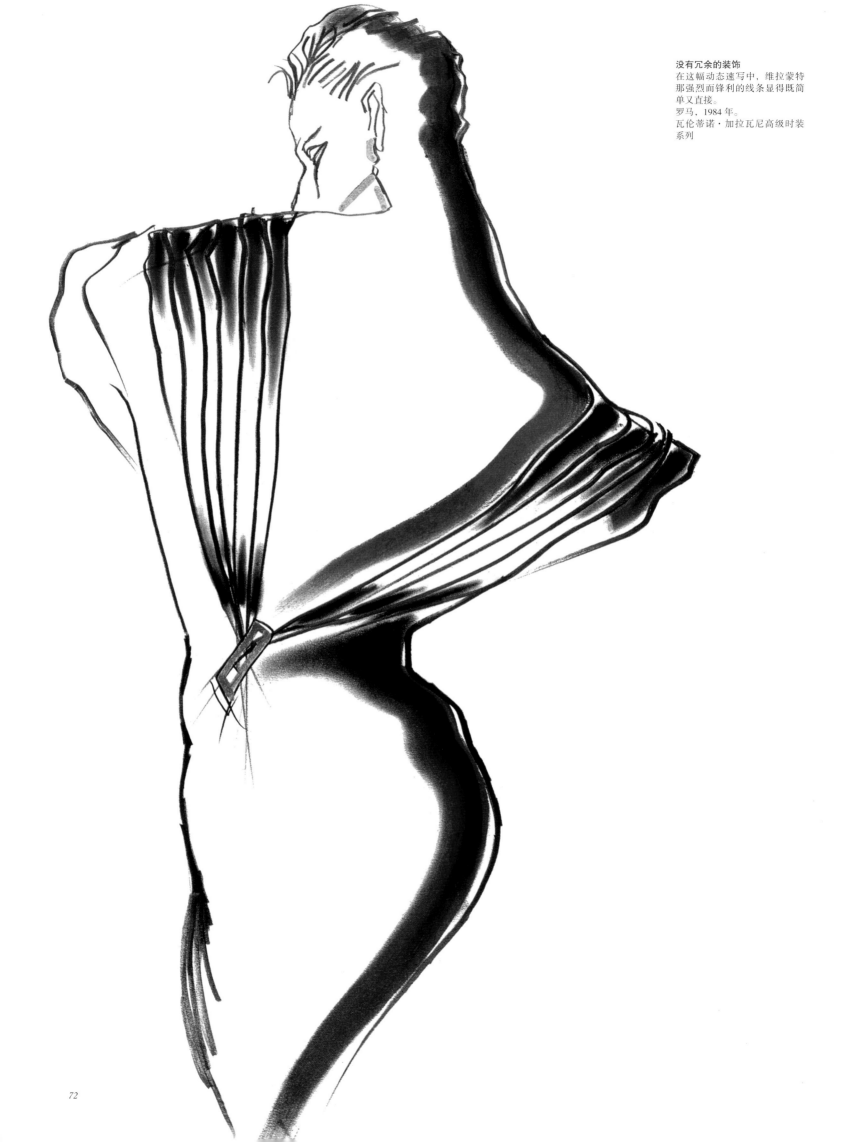

瓦伦蒂诺的 V 字造型

瓦伦蒂诺对服装背部设计的重视程度一点也不亚于服装的正面，就像图中所展现的衣领、拉链和手套等细节那样。

罗马，1984 年。

瓦伦蒂诺·加拉瓦尼高级时装系列

日和夜
一个标准的瓦伦蒂诺作品展示
会包括大约 50 套左右的晚礼服
和大约 50 套色彩柔和的羊毛衫
及羊绒衫。在维拉蒙特的画笔
和笔刷下，无论是硬朗的轮廓
线条，还是魅惑力都一览无遗。
罗马，1984 年。
瓦伦蒂诺·加拉瓦尼高级时装
系列

皮尔·卡丹的名字代表了许多有意思的事物，但是在他涉猎广泛的商业帝国里，最具影响力的还是他在时装设计方面的造诣。他所设计的服装因为轮廓粗犷、色彩搭配简单，或者干脆采用单一颜色，总给人以简约、平面化的印象。卡丹深谙创新和制衣技艺的诀窍，他是一个剪裁和结构大师，他摒弃了孤立地将人体当作一个塑造对象的设计手法。

皮尔·卡丹
（PIERRE CARDIN）

别致的时髦
在表现皮尔·卡丹，为费加罗夫人设计的这款夸张而致密的褶饰礼服中，维拉蒙特的笔触既精准细腻，又灵动流畅。巴黎，1984 年。

路易斯·菲洛德
（LOUIS FÉRAUD）

1950 年，路易斯·菲洛德的第一家时装专卖店在戛纳开业，时髦优雅的套装以及精致的法式剪裁是他的标志。路易斯·菲洛德的口号是"我喜爱性感的女人"。演员琼·考斯林（Joan Collins）在她事业鼎盛时期非常热衷于穿着菲洛德的衣服，碧姬·巴铎（Brigitte Bardot）也会为了他的一件少女式的白色背心裙而疯狂。20 世纪 80 年代菲洛德的高级定制设计总监海格儿·布杨松（Helga Björnsson）给整个品牌融入的戏剧性和创新元素影响了整个 80 年代。

菲洛德时装
维拉蒙特以简洁的线条以及单色调的颜色变化，展现了身着菲洛德高级时装的女人的内在优雅。
巴黎，1984 年。

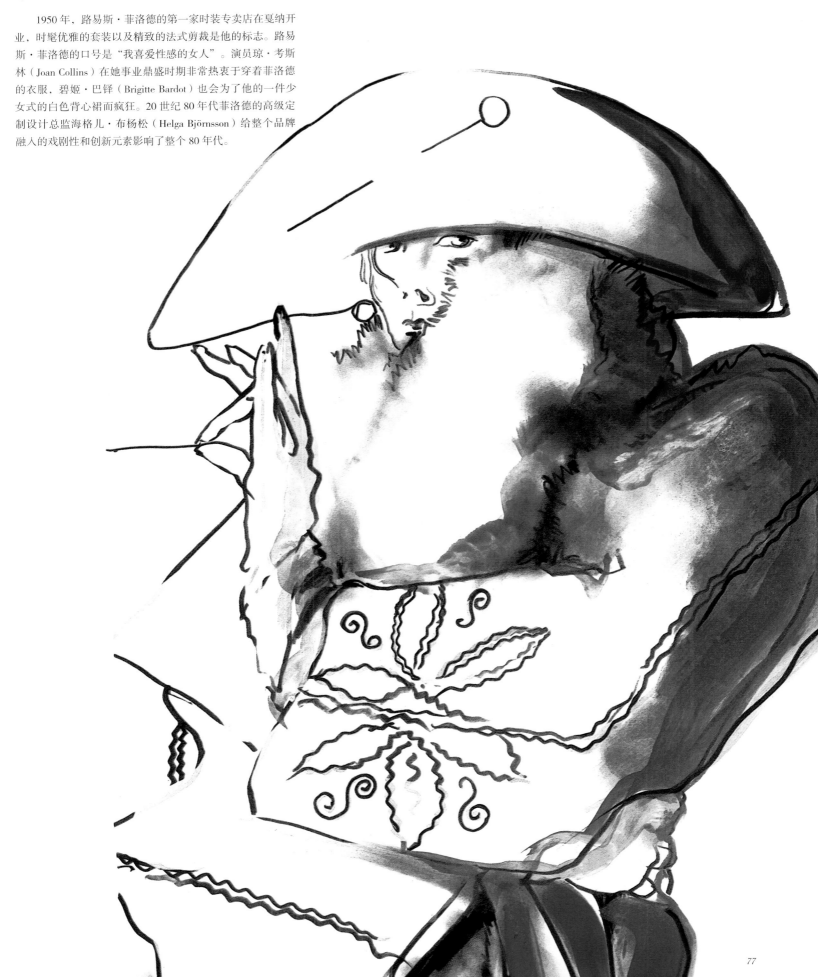

德克斯特·王
（DEXTER WONG）

　　出生于马来西亚的王在 20 世纪 80 年代
早期进入伦敦圣马丁艺术学院学习，期间受
到了街头文化和俱乐部文化的影响。他一直
致力于在实用的基础上开发实验性的服装面
料。王的第一个时装系列是由林恩·弗兰克
斯（Lynne Franks）的优伯经纪公司（über
PR）推广的，他的设计很快就得到了国际
上的认可，纽约的银幕女王苏珊娜·巴奇
（Suzanne Bartsch）还专门为他举办了一场秀，
邀请了约翰·里士满（John Richmond）、贝
蒂·杰克逊（Betty Jackson）以及表演艺术家
雷夫·波维瑞（Leigh Bowery）等名人。他被
视为作风前卫而严谨的设计师，他的作
品完美地结合了创造性和实穿性。

德克斯特·王时装
这幅由奇特笔触勾勒的德克斯
特·王时装来自维拉蒙特在
伦敦时的速写本，当时是为
Harper's Ba-zaar 杂志所作。
伦敦，1984 年。

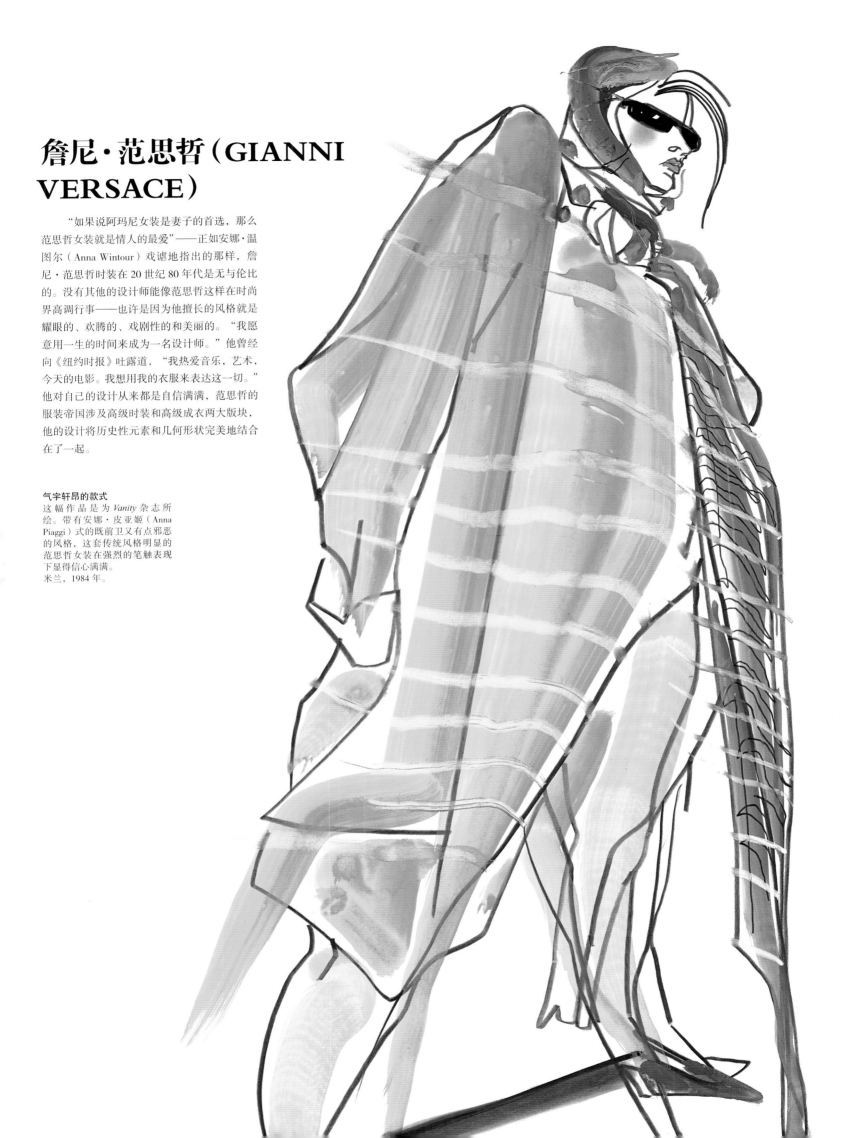

詹尼·范思哲（GIANNI VERSACE）

"如果说阿玛尼女装是妻子的首选，那么范思哲女装就是情人的最爱"——正如安娜·温图尔（Anna Wintour）戏谑地指出的那样，詹尼·范思哲时装在20世纪80年代是无与伦比的。没有其他的设计师能像范思哲这样在时尚界高调行事——也许是因为他擅长的风格就是耀眼的、欢腾的、戏剧性的和美丽的。"我愿意用一生的时间来成为一名设计师。"他曾经向《纽约时报》吐露道，"我热爱音乐，艺术，今天的电影。我想用我的衣服来表达这一切。"他对自己的设计从来都是自信满满，范思哲的服装帝国涉及高级时装和高级成衣两大版块，他的设计将历史性元素和几何形状完美地结合在了一起。

气宇轩昂的款式
这幅作品是为 *Vanity* 杂志所绘。带有安娜·皮亚姬（Anna Piaggi）式的既前卫又有点邪恶的风格，这套传统风格明显的范思哲女装在强烈的笔触表现下显得信心满满。
米兰，1984年。

直奔主题

维拉蒙特深知如何表达出他为之提供画作的设计师们的心情。在这幅作品中，体现出了森英惠作为一名抵制潮流时尚的女装设计师的立场，他把她那标志性的蝴蝶图案用软性粉彩笔以最不起眼的笔触加以表现。
日本，1982年。
森英惠高级时装系列

（对页图）

自我展示

维拉蒙特动感十足的笔触可以让即使是最简单的服装款式也呈现出与众不同的一面。在这里，在森英惠的成衣上他施展了他的这种魔力。
日本，1984年。

以上两幅图片均由森英惠基金会提供。

森英惠（HANAE MORI）

　　森英惠于1951年成立工作室，首次时装秀于1965年在纽约举行，1977年她在巴黎设立了自己的公司。森英惠被称为"东方的夏奈尔"，她不仅加入了法国时装协会，而且在纽约和巴黎的时装秀都获得了巨大的成功。这一开创性的荣誉第一次将一名亚洲女性带入了世界时装的中心，同时也证明了她擅长从两种文化中汲取传统精髓进行设计的个人能力——"东西合璧"仍然是其品牌背后的理念。坚持探索属于自己的道路，而不是随波逐流，森英惠在吸收了欧洲经典剪裁技术和色彩的同时又继承了日本美学，从而创造出极简、优雅和完美的剪裁设计。

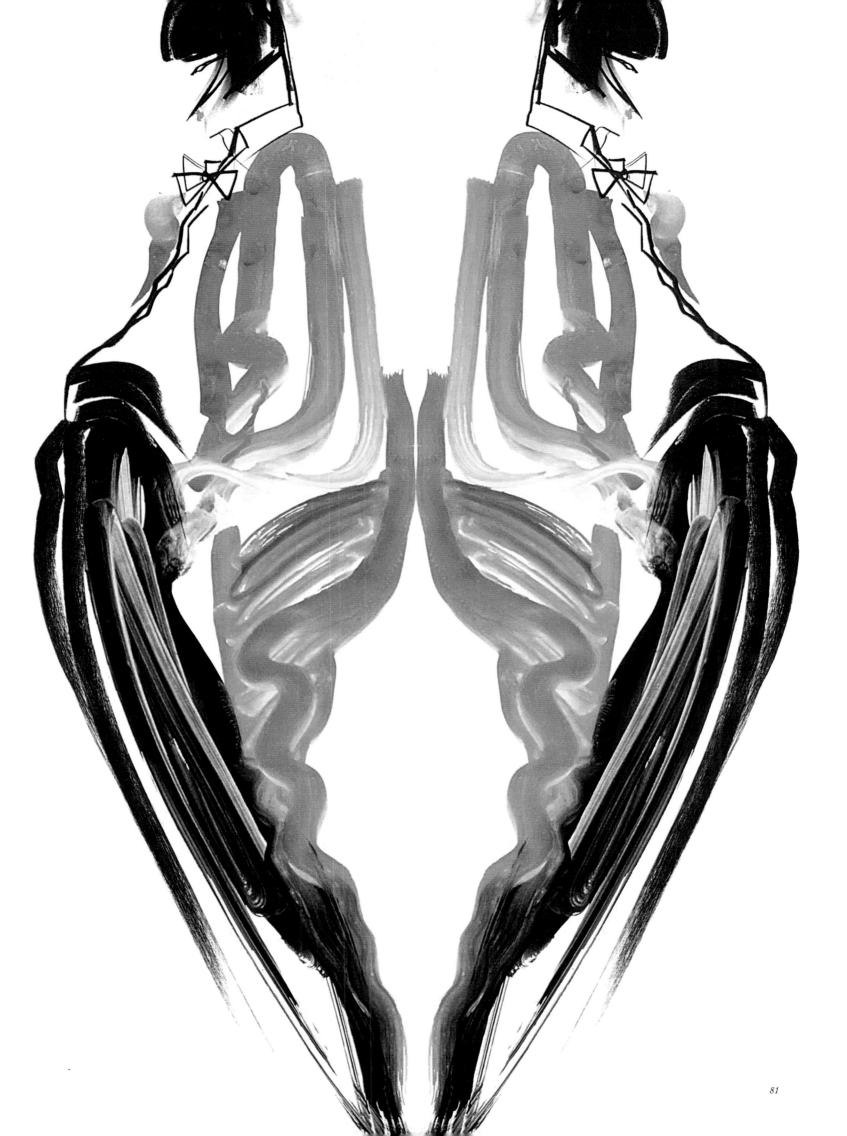

卓然（ZORAN）

卓然·拉迪科比克（Zoran Ladicorbic）从来不是一个家喻户晓的名字，但却是维拉蒙特最喜欢的设计师之一，无论是服装的线条、廓型，还是设计的理念、感觉——都深得维拉蒙特的青睐。能够承受得起他的这种极简奢华主义着装风格的女性多是像杰奎琳·肯尼迪（Jackie Kennedy）和格洛丽亚·范德比尔特（Gloria Vanderbilt）这样的贵族客户。始终将功能性放在第一位，他的服装在板型裁剪和完成度上无可挑剔，服装部件之间也没有任何明显的连接物。而他那看似简单，没有纽扣、拉链和绳带，以结构设计见长的服装多是由奢华的真丝和羊绒材料制成的。他从 1976 年首次推出自己的产品系列以来，他总共只发布了五款单品，他自嘲道："我就是富人中的 Gap（品牌）。"

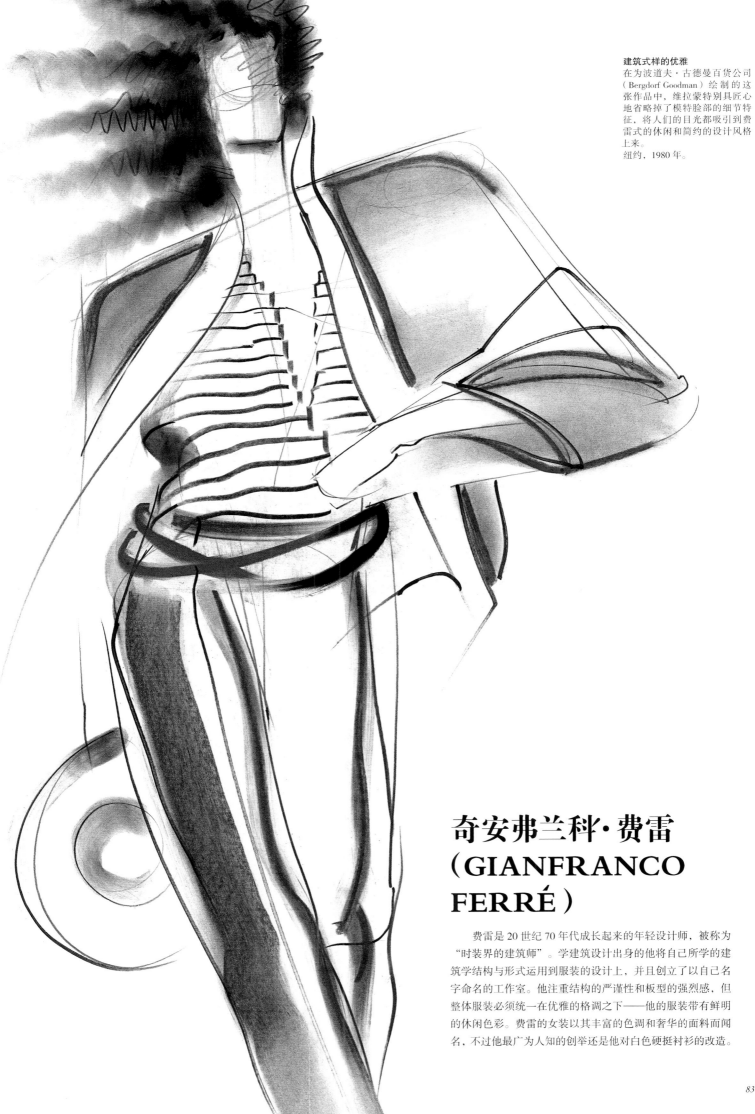

奇安弗兰科·费雷
（GIANFRANCO FERRÉ）

　　费雷是 20 世纪 70 年代成长起来的年轻设计师，被称为
"时装界的建筑师"。学建筑设计出身的他将自己所学的建
筑学结构与形式运用到服装的设计上，并且创立了以自己名
字命名的工作室。他注重结构的严谨性和板型的强烈感，但
整体服装必须统一在优雅的格调之下——他的服装带有鲜明
的休闲色彩。费雷的女装以其丰富的色调和奢华的面料而闻
名，不过他最广为人知的创举还是他对白色硬挺衬衫的改造。

候司顿（HALSTON）

候司顿是美国设计界的摇滚明星，也是纽约的夜店王子。20 世纪 80 年代末到 70 年代初期，他创立了一种整洁、流畅的穿衣风格，这让他和 54 俱乐部的常客们关系密切。通过采用羊绒、丝绸、仿麂皮等面料，候司顿开创了一种以单一搭配见长的配休闲式优雅。对于候司顿来说，"少即是多"，与蒙德里安（Mondrians）一样，他喜欢的色彩搭配有：象牙白、黑色和红色。候司顿在接受时尚杂志采访时曾经提到，在他看来的时尚就是做减法："除去所有不必要的装饰——没有领结，没有纽扣，没有拉链，没有束带……我讨厌一切多余的东西。"时间证明，他的最成功之处就在于他所设计的服装自身具有可变化的想象空间。

流动的时装
候司顿所设计的风格慵懒的奢华外出服在很长时间里都是时尚词典里的核心词汇。此处成组排列的模特身穿候司顿设计的红黑针织毛衣系列。
巴黎，1983 年。

让·路易·雪莱
（JEAN-LOUIS
SCHERRER）

他是温和的进化论者而不是激进的革命者，雪莱用新颖的装饰手法或是服装廓型为奢侈品市场诠释了什么才是真正的流行。他致力于打造奢华的面料和完美的细节，而他的客户包括了格蒂斯家族（Gettys）、罗斯柴尔德家族（Rothschilds）以及东方的王室家族，他们都被雪莱丰富的设计手法所吸引——即便是最常见的成衣。他推出的外套大多是皮革和皮草的巧妙结合，针织衫一般带有浓重的天鹅绒装饰，晚礼服则多搭配有雪纺和亮片。在20世纪80年代的春季高级女装发布会里，他在夹克和头巾里加入了珍珠和羽毛的元素。

印花激情
在这幅关于让·路易·雪莱高级时装的插画中，维拉蒙特展现了图形的魅力。他选择了一种大胆的表现方式，以令人难以置信的深色笔触进行描画，页面的空白部分亦显示出了其出色的绘画天赋和专业性。
巴黎，1984年。

索尼亚·里基尔
（SONIA RYKIEL）

作为一名追求简单舒适的设计师，索尼亚·里基尔因针织设计而闻名，并且已经成为法国时尚的化身。里基尔有着巴黎人式的优雅，也有着左岸式的别致，甚至更准确的赞誉是：她有着圣日耳曼的气质。她是一位解构主义与极简风格的先驱［这一设计派别目前由川久保玲（Rei Kawakubo）和马丁·马吉拉（Martin Margiela）所引领］，里基尔一直醉心于揭示她的服装结构——暴露接缝，无里衬——制造陈旧感（未完成感）的风貌；再加上些异想天开的细节处理，例如印刷文字，人造水钻，蕾丝，条纹和大量的黑色——里基尔的风格就此诞生了！

（对页图）
活力四射的老款式
在维拉蒙特的画作中无关乎"静态"。这幅为索尼亚·里基尔创作的作品揭示了他的活力不仅仅在于线条的感觉，也在于对人体动态的构想。
巴黎，1985年。

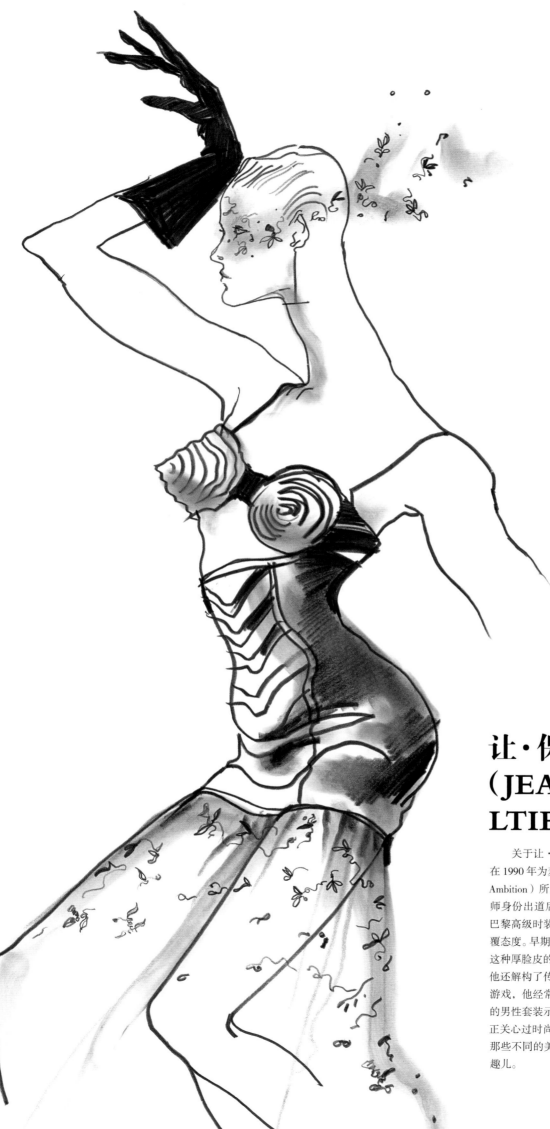

让·保罗·高提耶（JEAN PAUL GAULTIER）

　　关于让·保罗·高提耶，也许最为人们津津乐道的是他在 1990 年为麦当娜（Madonna）的"金发雄心"巡演（Blonde Ambition）所设计的尖锥形胸罩。在 20 世纪 70 年代以设计师身份出道后，他于 1982 年成立了自己的时装公司。他是巴黎高级时装界的破坏者和顽童，这源于他对传统样式的颠覆态度。早期，他就将一种搞怪的感觉引入到了自己的系列中，这种厚脸皮的做派在他推出的布列塔尼上衣可见一斑，除此，他还解构了传统的风衣。他总是超越界限，并且喜欢玩性别游戏，他经常让男人穿上短裙和紧身胸衣，而让女人以传统的男性套装示人。在杂志采访中他解释说，"我从来没有真正关心过时尚的典范究竟是怎样的，我的目标只是试图展现那些不同的美。"高提耶的衣服总是制作精良，同时也很有趣儿。

斯蒂芬·琼斯（Stephen Jones）
为让·保罗·高提耶设计的帽子
毫不妥协的犀利轮廓结合以
一种光滑的角线和单一的色
彩——这是很典型的维拉蒙特
风格。女帽设计师斯蒂芬·琼
斯为维拉蒙特提供了帽子，激
发了他的想像力，从而促成了
这种风格化的艺术表现。
巴黎，1984 年。

（本页及对页图）

伊夫·圣·洛朗的"左岸"女装
维拉蒙特不仅仅是在绘制时装
画，而是在解说、简化和传达
他所看到的人体与服装之间的
关系。在这两幅画中，他详细
地再现了伊夫·圣·洛朗的成
衣西装——在20世纪80年代，
成衣西装是圣·洛朗的主推系
列产品。
巴黎，1983年。

伊夫·圣·洛朗
（YVES SAINT L-
URENT）

维拉蒙特曾经在抵达巴黎后的一个短期目标就是能够在伊夫·圣·洛朗的工作室里绘制时装画。圣·洛朗的职业生涯开始于20世纪50年代，起初是作为克里斯汀·迪奥（Christian Dior）的一名助理，或许比起巴黎的许多其他设计师，他并没有因为高级时装的衰落而退缩乃至放弃自己的理想和远见。事实上，他推动了高级时装自60年代低潮后的重生——从毕加索灵感礼服到波普艺术以及俄罗斯芭蕾舞团系列，圣·洛朗善于挖掘历史元素，并重新以现代风格加以诠释。他总是设法满足来自客户不断的需求变化，同时，也十分尊重成衣业的发展，并在1966年建立了左岸（Rive Gauche）成衣专卖店。在他45年的时尚生涯中，圣·洛朗改变了女性的着装方式，引入了猎户装并推出了日间或晚上穿的裤子（最著名的就是"吸烟装"）。伊夫·圣·洛朗的创新和叛逆的色彩组合通常能够在维拉蒙特的笔下得到最好的展现。

伊夫·圣·洛朗皮草大衣
伊夫·圣·洛朗设计的皮草大衣。
巴黎，1984年。

简化的线条
在纽约帕森学院史蒂文·梅塞
的绘画课上，设计师斯蒂芬·斯
普劳斯(本页图)和女神泰丽·托
伊（对页图）就经常充当维拉
蒙特的模特，梅塞曾鼓励维拉
蒙特尽量要用少的笔触去捕捉
服装的精华。
纽约，1983 年。
斯蒂芬·斯普劳斯时装系列

斯蒂芬·斯普劳斯（STEPHEN SPROUSE）

斯蒂芬·斯普劳斯是印第安土著，最初在候司顿的带领下初涉时装界，之后建立了自己的品牌为戴比·哈利（Debbie Harry）和"金发女郎乐队"（Blondie）设计服装。1983年他推出的第一个主要系列大胆地加入了厌世元素，将狂躁的朋克风格与高级时装的经典线条融合在了一起。他喜欢明亮色、幻彩和荧光色，尤其钟爱粉色和黄色。他主推的款式有：迷你连身裙、超短裙、露脐装、印有涂鸦图案的裙子和长袜。

派瑞·艾力斯（PERRY ELLIS）

作为一名美国原创设计师，派瑞·艾力斯创造了一种独特的外观，成功地令美国本土设计跻身于高级时装的行列。他对待生活和服装的态度就是"舒适"。他以一种全新的着装方式打破了巴黎时装长久以来的沉闷基调。艾力斯具有创新和发明的能力，他不仅能够将经典风格运用得活力十足，而且服装的可穿性也得到了提升，他的设计因此深受评论家和消费者的喜爱。艾力斯曾说，"我的衣服很友好——就像一位相识很久，却依旧会不断给你惊喜的老朋友。"

性别置换
这是为意大利版 *Vogue* 杂志绘制的画作，图中莱斯利·维纳身穿派瑞·艾力斯设计的男装。巴黎，1984 年。

（对页图）
早期的边缘
维拉蒙特来到纽约后遇到的第一批高端客户之一就是设计师派瑞·艾力斯。
纽约，1982 年。

克劳德·蒙塔纳
（CLAUDE MON-
TANA）

克劳德·蒙塔纳对于风靡20世纪80年代的"权利感时装"的贡献大约要多过同时期的许多时装设计师。是他引领了垫肩风潮并且赋予其戏剧般的夸张比例，与此相应的，他的时装领型也通常被设计成过大的尺寸，并且多选用夺目的色彩。蒙塔纳是"形体意识服装"的先驱，他的设计使女人看起来果敢而有力。但也正是这种夸张的轮廓，同时带了给他批评和赞誉。皮革成为他的标志物和代码，最典型蒙塔纳风格就是：打磨得锃亮的皮革，并精心地加以塑形和刺绣——仿佛它们生来就是柔软而奢华的面料一般。

超级奢华
维拉蒙特用石墨笔绘制的三幅蒙塔纳时装插画。
巴黎，1985 年。

（后跨页图）
T 型台
在挑战传统高级时装和推出令人震撼的发布会的过程里，克劳德·蒙塔纳开辟出了一条属于自己的道路。在这幅为设计师一年一度的新品发布会邀请函所绘制的时装画中，维拉蒙特采用了伊夫·克莱因蓝（Yves Klein Blue）——这是高级时装品牌最为钟爱的一种颜色。
纽约，1982 年。
感谢劳德·蒙塔纳提供

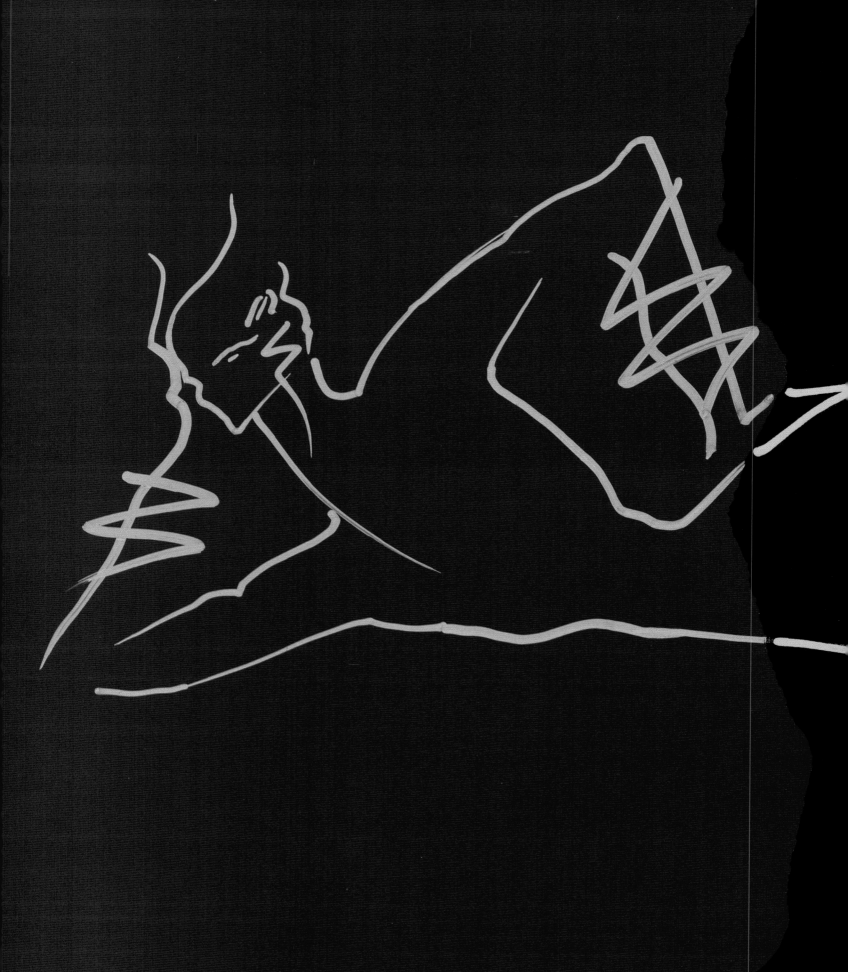

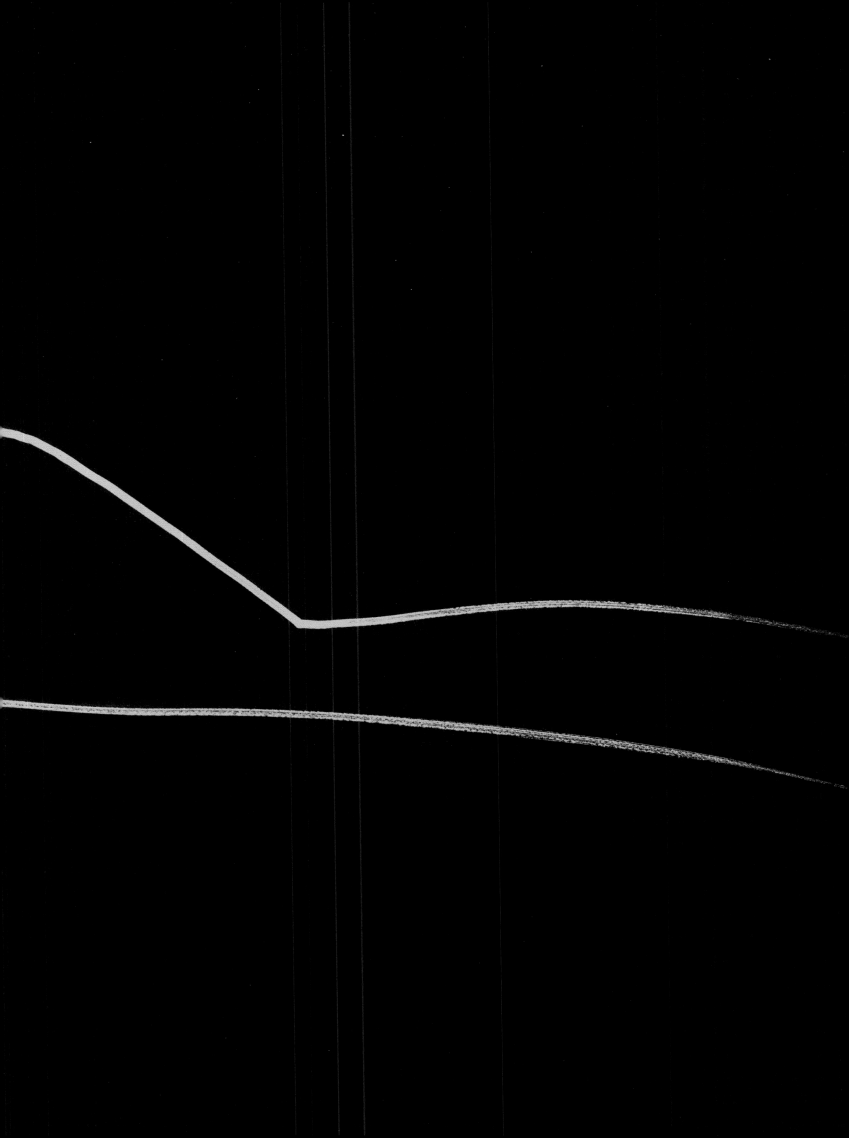

主题与变奏
手套是蒙塔纳个人标志的一部分，
在这里，维拉蒙特用单色调探索
并呈现了设计师全套系列的产品。
日本，1984 年。

让·巴塞

维拉蒙特的时装画可以同时兼顾风趣与时尚。在这里艺术家绘制了一顶由让·巴塞（Jean Barthet）为蒙塔纳创作的带有恶作剧和幽默感的花卉帽子。巴黎，1984 年。

波莱特

配饰，尤其是帽子，在克劳德·蒙塔纳的时装系列中成为不可或缺的新晋宠儿。图中的帽子由波莱特·玛珊德（Paulette Marchand）设计。在这幅画中，维拉蒙特的线条显得自信满满。巴黎，1984年。

斯蒂芬·琼斯
（STEPHEN JONES）

在那些需要用帽子来提升他们服装效果的设计师当中，斯蒂芬·琼斯炙手可热。从20世纪80年代早期开始，他就已经开始灵巧地改造流传下来的帽子款式，并赋予它们以强烈的现代气息。从戏剧性的传统礼帽到简洁而时髦的头饰——他那些风格奇特的产品应有尽有。在1982年 *Vogue* 杂志6月刊上，莉兹·缇厄拜瑞斯（Liz Tilberis）是这样评价琼斯的，"他是新一代的女帽商，从华丽夺目的秀场帽子到日常穿戴的简洁款式——他设计起来都游刃有余。"他所擅长的不对称型和造型古怪的帽子产品很快就吸引了像克劳德·蒙塔纳和蒂埃里·穆勒（Thierry Mugler）这样的设计师。1984年，琼斯成为第一个前往巴黎工作的英国女帽设计师，在那儿，他为让·保罗·高提耶的时装秀创作帽子。

西比勒·德·圣法尔
流动的笔触与柔性石墨的线条给贵族气质的西比勒·德·圣法尔肖像增加了自然的气息。面对这位女帽设计师斯蒂芬·琼斯早期心目中的女神，维拉蒙特惊呼："西比勒就应该是戴着帽子降生的！"而琼斯则形容巴黎式的时尚是"有着令人难以置信的魅力"。
伦敦，1984年。
感谢西比勒·德·圣法尔提供

克劳蒂亚·乌依多博
在这幅既深思熟虑，又用笔直
接的木炭画里，克劳蒂亚·乌
依多博（Claudia Huidobbo）戴
着史蒂芬·琼斯设计的帽子。
巴黎，1984 年。

三宅一生（ISSEY MIYAKE）

作为设计师，三宅一生因其创新能力、实验性织物和善于使用尖端技术而闻名。1964 年，从东京的多摩美术大学（Tama Art University）毕业之后，他花费了数年时间在纽约和巴黎等时装中心工作［曾与姬龙雪（Guy Laroche），休伯特·德·纪梵希和杰弗里·比尼（Geoffrey Beene）等人共事］。1971 年，他回到自己的祖国日本，以"三宅一生"品牌的名字推出了第一场发布会。他概念性的产品通常是起皱的布匹，通过绗缝和卷曲产生形状，最终他研发出了一种永久性的褶裥织物。他一直在致力于调和服装的形式感和功能性，同时他的工作是建立在手工技艺以及持续地对完美比例的探索上面，他的作品总能让人们从一个全新的角度来认识服装。

三宅一生的帽子
图为史蒂芬·琼斯为三宅一生设计的毡帽，维拉蒙特在为 *La Mode en Peinture* 杂志供稿时采用了多个角度绘画的表现手法。巴黎，1984 年。

女性绘画

"我需要一个参照对象进行创作，我无法仅凭想象去行事。"

——维拉蒙特

角色扮演对于维拉蒙特来说十分重要。当维拉蒙特寻找模特时，他不仅仅只是在寻找一套标准的测量尺寸或者一张传统意义上的漂亮面孔——这显然是不够的。他是想要从这些女孩身上汲取灵感，而只有那些给他留下了极深刻印象的女性才有机会在他的作品中发现自己的特色所在。在少年时期，维拉蒙特便开始打造自己心目中的殿堂级女神。那些极具吸引力和魅力的女性直接展现了他出色的想象力，她们往往也乐于将自己的造型、身体和面孔贡献给他——在那个模特仅仅只是充当"衣架"角色的年代里，维拉蒙特的需求显得非同寻常。

不出意外的话，每一位女孩模特的面容都有幸被他用生动的线条绘制成素描；在时尚杂志上，他开创了一种全新的女性形象。他对于模特的选择重新界定了"美丽"的含义，这其中包括身边的那些拥有异国情调或是长相与众不同的女孩。事实上，他推出了一种类型的女性形象——就像他所起用的那些模特一样，她们都有着极为修长的双腿，身高足有八头身，但是姿势与态度却非常符合这一时期的人们的想象。维拉蒙特将20世纪80年代象征性的一种女性形象具象化了——他并非仅仅只是展现其女性化特征，这其中还包含了一种维拉蒙特式女性的傲慢。

每一位维拉蒙特的女孩模特都透露着一种自信、冷漠、若无其事，甚至有一点高傲的样子。你只要看到这张脸就可以辨别出那是维拉蒙特的女孩模特。她们并不漂亮：通常是强健的，有一张大嘴，高高的鼻子和夸张的眉型。在维拉蒙特的绘画作品中有一种恶魔般的优雅。他的落笔精致而又微妙，顿时能够让一个女性看起来与众不同。"维拉蒙特如此唯美地进行创作其实也是在培养他的模特。"发型师鲍勃·拉辛记忆犹新。"他喜欢那些乐于将自己交付给他并且按照他的想法进行造型的人。他们必须甘心将自己的头发漂白，剃去眉毛，像一张空白画布似的供他创作。"与许多时装插画家不同，维拉蒙特不会只是对着照片作画，他喜欢面对活生生的真人进行创作。

不管维拉蒙特的作品有多么风格化，她们的原型都是真实的女孩。维奥蕾塔·桑切斯或许是维拉蒙特画作中出现得最频繁的女性，她表示，对于维拉蒙特来说，绘画真人模特要有趣儿得多："人们一般会认为画家的灵感多来自于他们的想象力，但是其实通过一个装扮完整的模特来进行绘画是件更有趣儿的事。这种方法可以带领你去向一些你自己都无法预期的地方。"与此类似的，在鲍勃·拉辛的回忆中，头发和妆容是维拉蒙特的必画内容："我完全记不起是否有一次绘画是在没有造型团队的辅佐之下进行的。"维拉蒙特希望展现在他面前的尽可能是他想象中的画面。他不是寄希望于自己手中的画笔，而是寄希望于第一时间内发生的现实。他不想改变他所看到的东西——尽管其间有强化或者夸张的处理，但每次在他开始作画之前，他总是会把对方当做一个真实的存在来完成创作。

他最大的长处在于他非常善于处理与被画者之间的关系。模特珍妮丝·狄金森（Janice Dickinson）仍然记得维拉蒙特是如何与造型师一起将自己装扮成华丽的超级名模的。"这是一种伙伴关系。"她回忆道，"我们对彼此敞开胸怀。维拉蒙特为我的脸上妆，精心设计我的发型，他将我塑造成一个穿着及踝短袜和高跟鞋的优雅女士。他给我的感觉就好像我们即将要一起出去参加舞会。"

如果维拉蒙特的时装画让人更多地感觉到是一个穿着衣服的人，而不仅仅只是单纯的一件服装的话，那是因为他相信是穿衣者将特色赋予了服装而不是设计师。维拉蒙特总是由人物而受到启发，他爱人物胜过一切。"他其实是在画人。"狄金森说，"而并非只是将模特视作为衣服架子。"维拉蒙特认为是"人"将活力带给了他所画的服装，风格也并非只是关乎衣服的穿着方式——而是关乎一个人如何行走、谈话、舞蹈和欢跳的方式。其后再将恰当的面容添加其中——一幅画作便大功告成了！维拉蒙特最成功的作品并不是乏味的组合或者呆板的空洞，而是赋予了画中人真实的性格。

他的时装画中，所展现的生活方式和女性类型赋予了他

工作一种神奇的活力。他的模特经常是他所熟知的人，例如：泰丽·托伊、莱斯利·维纳和维奥蕾塔·桑切斯。这种亲密程度是促使他能够取得成功的重要因素。他观察女性着装的方式远只是面料本身所呈现的，他笔下的穿衣人体即刻就会传达出"服装应该这样穿着"的信息。

维拉蒙特在绘画时喜欢采用一种固定的姿态——倾斜的头部和扭动的臀部，他对一切细节都详尽描绘——但就是不告诉我们模特在想什么。与维拉蒙特一起工作是个很艰巨的任务。"一切都十分紧张。"模特经纪人西里尔·布鲁尔说道，"他会让一个女孩保持一个姿态连续工作数小时，这就要求她们必须持有十分的毅力。但是他会让她们参与到整个工作中来，这令模特产生了团队协作的感觉——而我认为她们其实也是乐在其中的。在绝大多数时间里，模特并不会参与到创作的过程中来——这种情况在当今的拍摄现场比以往更甚——每个人都在盯着电脑屏幕，却不会向模特本人瞥去一眼。而维拉蒙特则不同，他拥有一种不同寻常的合作意识。他会与模特一起编排姿势和身体语言，几乎像是一种舞蹈艺术——而他从不会为图省事而走捷径，拉辛说："维拉蒙特通常直到有人在现场哭泣、抱怨或者情绪爆发时，才会显得比较高兴。我认为那才是他所想要的——他终于等到了他想要的真实感。"

帕洛玛·毕加索（PALOMA PI-CASSO）

　　艺术家毕加索的女儿帕洛玛在整个 20 世纪 80 年代都活跃于国际时尚界、艺术界和各种社会活动中。她的外型非常引人瞩目，挑衅的、散发着轻蔑感的嘴唇和瘦削的轮廓仿佛提示着人们她父亲立体派的倾向。毕加索在同龄人中十分突出，散发出一种既优雅又威严、既阴柔又阳刚的混合气质，同时，她还非常的性感。维拉蒙特十分喜爱她。多年来在世界上一些著名女装设计师的激励下，习惯于穿着红色、黑色和金色的毕加索最终自己也成为了一名设计师。维拉蒙特画过她很多次，第一次是在纽约，然后是巴黎——当时的她事业正处在巅峰状态，在蒂芙尼（Tiffany）公司出任珠宝设计师。

斯嘉丽·拿破仑·波黛露（SCARLETT NAPOLEON BOR-DELEO）

先锋派时尚推崇的海报女郎斯嘉丽·拿破仑·波黛露是恰恰舞厅的舞女兼妓女，她时常在伦敦"天堂"（Heaven）夜店的密室里表演艳舞，并总是和雷夫·波维瑞及特洛伊（Trojan）出双入对。她是一个长着一张扁平脸的苗条女孩，喜欢用一种令人难以置信的风格来包装自己，因此，她总是那么的引人注目。她将嘴唇描画得如同紧绷的丘比特之弓，留着不对称的鲨鱼鳍般的额发，她形容自己是"一个从模特跨越至艺术家的附属品"。在时尚编辑哈米什·鲍尔斯（Hamish Bowles）的记忆里，她习惯于举起手中的镜子，对着那些看不惯她不向世俗标准低头的人，然后发出具有毁灭性的问话："你想要让自己是这样的吗？"维拉蒙特发现了她身上令人无法抗拒魅力所在，因此，经常为她画像。

斯嘉丽·拿破仑·波黛露
无论模特是多么的边缘化和街头风格，维拉蒙特总是乐于展现她们美好的一面。在这幅图中，他那优雅而简洁的笔触毫不费力地就捕捉到了夜店女孩斯嘉丽那让人过目不忘的形象。
伦敦，1984 年。

娜奥米·坎贝尔
（NAOMI CAMP-
BELL）

英国超模娜奥米·坎贝尔拥有牙买加血统和中国血统，混合的异域风格将她推向了全球的杂志。在西里尔·布鲁尔的引荐下，当时正在谋求发展并自信满满的娜奥米·坎贝尔结识了维拉蒙特。16岁时，娜奥米·坎贝尔开始了她职业生涯里的首次巴黎之行，在维拉蒙特那间位于林荫大道的高雅的萨克斯公寓里，她花费了整个下午的时间身穿着阿瑟丁·阿拉亚（Azzedine Alaia）设计的紧身衣为他摆出各种造型姿态。因为十分年轻，因此，那时的娜奥米·坎贝尔并不会感到厌烦或者抱怨些什么，鲍勃·拉辛对此记忆犹新，只要有人在画她，她就会表现得异常兴奋。

（本跨页及后跨页图注）
时尚前沿
不仅仅是块面，甚至是线条都
是娜奥米·坎贝尔优美身形的
展现。
维拉蒙特用简单的轮廓线将
这位 20 世纪 80 年代的黑人超
模那轻松而自然的状态再现了
出来。
巴黎，1985 年。

丽莎·罗森
（LISA ROSEN）

"时髦女郎"丽莎·罗森是纽约城中艺术与音乐界一道极其亮丽的风景。整日混迹在穆德俱乐部（Mudd Club）的她既是一个参与者，也是一个女神。罗森作为一名模特的职业生涯偶然开始于设计师帕特丽夏·菲尔德（Patricia Field）借给她一张去往巴黎的单程车票，随后被一个夏奈儿的星探发现并将她送上了 T 型台。在夏奈儿之后，"我得到了每一位大设计师的青睐。我曾经走过的秀场品牌有：Dior, Mugler, Jean Paul Gault-ier, Yamamoto，等等。"她是法国新浪潮运动的代表人物，但她自己却对此不以为然。罗森有着一张苍白的脸庞和乌黑的头发，她那富有表现力的嘴巴使维拉蒙特几近为之疯狂。

模特的态度
"维拉蒙特喜欢非常夸张的表情。"丽莎·罗森回忆道，"喜欢广角镜里的微笑或是张开你的嘴大叫'啊～啊～啊！'"这张图中她受邀为保罗·高博化妆品（Paul Gobal）担任海报模特。
纽约，1985 年。

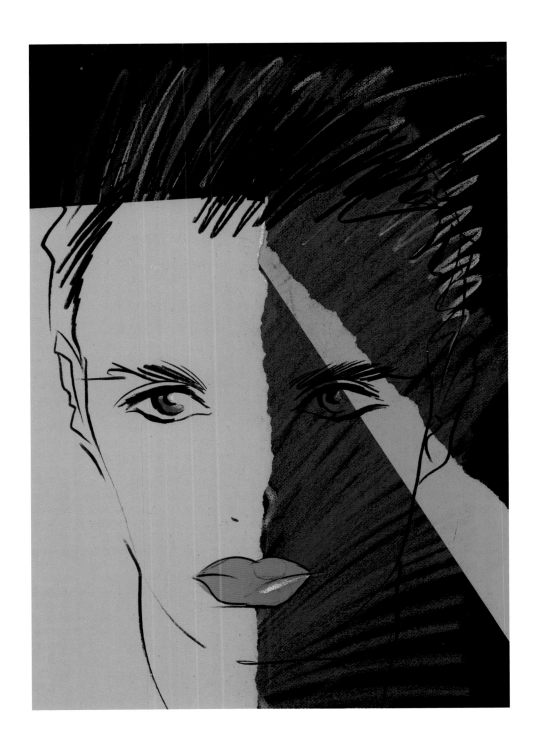

伊莎贝拉·罗西里尼
（ISABELLA ROS-
SELLINI）

　　迷人的罗西里尼曾被人物杂志评选为全球最美丽的人之一，她是意大利电影导演罗伯托·罗西里尼（Roberto Rossellini）和著名瑞典女演员英格丽·褒曼（Ingrid Bergman）的女儿，她在28岁时才开启了自己的模特生涯。她清秀而又单纯的外形与当时的许多女孩产生了显著的对比，由此迅速成为20世纪80年代最重要的面孔之一，曾经不止28次登上了国际时尚杂志封面，其中的9次由理查德·阿维顿（Richard Avdon）亲自掌镜。她人生的重大突破开始于1982年——这一年她成为兰蔻化妆品（Lancôme）代言人，并且一直持续了14年。1996年罗西里尼在大卫·林奇（David Lynch）的电影《蓝丝绒》（Blue Velvet）中出演角色，开启了她的另一段先锋电影生涯。

罗西里尼的拼贴画
维拉蒙特使用拼贴与绘画的混合技法使这幅伊莎贝拉·罗西里尼的肖像产生了极佳的表现效果。
巴黎，1985年。

（对页图注）
天生丽质
这是一幅用色粉笔绘制的伊莎贝拉·罗西里尼的肖像画。
巴黎，1985年。

"他为我做的发型无人能够企及；他可以用百利发乳（Brylcreem）和椰子油打造出维拉蒙特式的完美的惊艳效果。"

——珍妮丝·狄金森

珍妮丝·狄金森（JANICE DICKINSON）

珍妮丝·狄金森是世界上第一个自称为"超级模特"的人，在金发碧眼的女性形象充斥于各类时尚杂志时，她的出现曾经一度重新定义了美国美女的含义。在20世纪70年代早期摘得了"时尚小姐"桂冠后，她离开佛罗里达前往纽约发展，狄金森很快发现她自己性感饱满的嘴唇和棕色的大眼睛其实并不适合当下国内的形势。但是她并不气馁，果断地前往巴黎谋求出路并很快便获得了成功——她的作品集如同电话簿般厚重。20世纪80年代，当维拉蒙特遇到她时，她已经是一位知名度很高的模特了，仅在 VOGUE 杂志封面上她就出现了大约37次。

（上图图注）
维拉蒙特用宝丽莱相机为珍妮丝·狄金森拍摄的照片。大约1982年。

（对页图注）
超模的咆哮
一连串充满自信、快速而严谨的笔触勾画出了这幅珍妮丝·狄金森的肖像画。
纽约，1982年。

莱斯利·维纳
（LESLIE WIN-
ER）

莱斯利·维纳是 20 世纪 80 年代的世界超模，英国女帽设计师斯蒂芬·琼斯回忆说："她的出现对于整个时尚界来说，时而是启发，时而又是惊吓。"在被冠以"海洛因式优雅"模特的头衔之前，她就被外界认为极具挑衅性，她那难以与人合作的作风也是恶名远扬。维拉蒙特却多次为她画像，第一次是在巴黎为英国版的 *VOGUE* 杂志，其后是在伦敦和日本，这时的她已经达到了模特职业的顶峰。"我喜欢她的姿态和态度。"维拉蒙特在日记里面这样写道。他被她的强悍内心和雌雄莫辨的特点所吸引，她在担任模特时会为了一个合适的姿势而愿意长久地保持不动——这一点也十分打动维拉蒙特。她还曾经担任过让·米切尔·巴斯奎特（Jean-Michel Basquiat）和萨尔瓦多·达利（Salvador Dali）的模特，可以说，莱斯利是一个真正的模特艺术家，她不是很高，也不是很瘦，但总显示出一种傲慢的样子。莱斯利是维拉蒙特画中走出来的人物，也是所有维拉蒙特笔下女性的集中代表。

"我在生活中就像是一个男孩子。因此模特工作反而是有一点像在角色扮演。我认为维拉蒙特很喜欢让某个长得像男孩子的人穿上一条裙子，带上这些荒唐的帽子并且在脸上化妆。那就像是一种生拉硬拽。"

——莱斯利·维纳

（左图图注）
瘦削的中性人
维拉蒙特用刀刃般犀利的线条捕捉到了下班状态中满不在乎的莱斯利·维纳。
巴黎，1985年。

（对页图注）
选美比赛
烈焰红唇和亮漆般的指甲——维拉蒙特笔下的姑娘们所呈现出来的面部表情并不是在时尚杂志中所能够看见的那一类，而通常是与色情杂志上的并无二致。
巴黎，1985年。

泰丽·托伊
（TERI TOYE）

"我想是我的外表起了决定性的作用。只要是关乎20世纪60年代的、前卫的以及斯蒂芬·斯普劳斯（Stephen Sprouse）式的街头风格——他都会喜欢。"

——泰丽·托伊

高挑、金发碧眼、美丽非凡是对泰丽·托伊的赞美，她从爱荷华州的得梅因来到纽约的经过就如同由一个男孩子慢慢蜕变成为一个女孩的过程。在帕森学院史短暂停留后，她退学成为纽约城中的海报女郎，发展之路虽然平静、缓慢，但最终理所当然地成长为一名羽翼丰满的超级明星和"时尚女孩"。她是设计师斯蒂芬·斯普劳斯最喜欢的模特之一和心中的女神，1984年当《纽约时报》的时尚专栏作家约翰·杜卡（John Duka）将她命名为年度女孩时，托伊还处在默默无闻的境地，但从那以后，走红的速度变得一发不可收拾。"曾经有人受到过托伊的挖苦。"发型师鲍勃·拉辛回忆道，"于是拒绝和她一起工作。但是有些人，如维拉蒙特、卡尔·拉格菲尔德和让·保罗·高提耶就非常痴迷于她。"托伊来到巴黎，这令维拉蒙特十分高兴。关于她身上的极致特殊、魅力和禁忌，维拉蒙特是十分倾慕的，并且努力地将这些元素在自己的画作中展现出来。

"我一直很讨厌自己的照片。那时的我真的很不喜欢看到镜子中的自己！我唯一喜欢的是维拉蒙特所表现的我和他对我外貌的观察及塑造方式。我总是在想，'哇，我真希望自己是那个样子的！'我总是被他大大地美化了。"

——芮妮·罗素

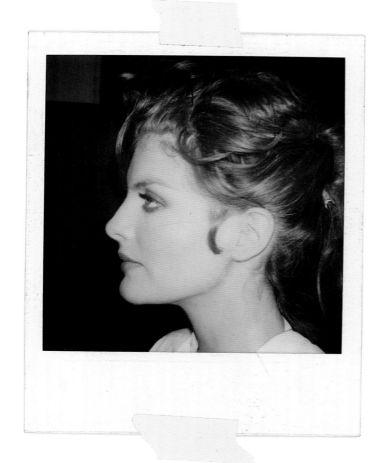

芮妮·罗素（RENÉ RUSSO）

在 1972 年的滚石乐队演唱会上，芮妮·罗素被星探发掘，并最终被福特模特机构（Ford Modelling Agency）抢到手成为签约模特，在同一年她就登上了 VOGUE 杂志封面并成为露华浓化妆品（Revlon Cosmetics）的代言人。当维拉蒙特注意到她时，罗素已经是名人了。"他为芮妮所着迷。"童年时代的朋友朱莉·罗森鲍姆回忆道，"他一直在画她，并且经常去拉斯帕尔马斯附近的报摊，希望能够目睹她在最新一期 VOGUE 杂志上的照片。"有一天他在西木区遇到了她，于是走上前去介绍了自己，他说："我觉得你非常漂亮，所以我想为你画像。"就这样，他们走到了一起并成为了朋友。当罗素回忆起维拉蒙特时，觉得他和自己有一种志同道合的

默契感。"他在洛杉矶出生并长大。"她回忆道，"对于纽约来说，我们都是外来者并且都没什么钱。他很有胆量和进取心，同时也十分亲切。他在西木区径直向我走来并说服了我，我们从此一拍即合。"这一阶段他创作了很多铅笔画作品，罗森鲍姆补充说道，相比较他后期的作品，这些铅笔画的风格更为柔和；与他出名以后众所周知的那些作品相比，这些人物肖像几乎没有硬朗的边缘。"罗素的骨骼结构十分硬朗，因此，他会把她画得更为柔软而美丽。他会被一切具有硬朗边缘的事物所迷住，而她就有着明显的高颧骨。他十分讨厌之后流行起来的可爱金发女郎形象。"

（上图图注）
维拉蒙特用宝丽莱相机为芮妮·罗素拍摄的照片。
大约 1981 年。

（对页图注）
完美女人
在他最早期的作品中，维拉蒙特自己担任设计师，即兴创作每一个人物造型。这幅作品中，他用一种近乎是纪录片式的现实主义手法将模特芮妮·罗素画成戴着莫里·霍普森头巾的样子，细心地记录下每一个细节。
洛杉矶，1979 年。

"维拉蒙特笔下的我总有一种神秘的色彩。与艺术家之间的合作非常不同于与摄影师的合作。一幅摄影作品仅限在一个框架中捕捉单一的时刻，而艺术家对于时间和深度上的掌握却相对自由得多。"

——凯伦·比昂逊

凯伦·比昂逊（KAREN BJORNSON）

一直到代理人威廉敏娜（Wilhelmina）送她去见设计师罗伊·候司顿（Roy Halston）之前，比昂逊还是一名默默无闻的小模特。身材瘦削，有着窄窄的肩膀、两条长腿和一双湛蓝眼睛的比昂逊由此成为设计师的内部专属模特和长期亲密伙伴——候司顿将前任辛辛提那小姐从全美选美皇后成功地转变为了上东区的时尚象征。比昂逊是首位打破时装模特和摄影模特各自为政局面的模特第一人，并且也是纽约最受欢迎的模特之一。

（上图图注）
金发丽人
维拉蒙特为凯伦·比昂逊所绘制的尝试性的画作。
纽约，1982 年。

（对页图注）
经典的线条
在 1980 年绘制凯伦·比昂逊的肖像作为 *Hamptones* 杂志封面后，维拉蒙特视她为永恒的美女。
纽约，1980 年。

塔克西斯家族的格罗瑞亚公主（PRINCESS GLORIA VON THURN UND TAXIS）

从来不把自己当回事的塔克西斯家族的格罗瑞亚公主以她非常规的风格和不顾一切的态度而鹤立鸡群。她一出生便是女伯爵，结婚后化身为王妃，格罗瑞亚公主在整个20世纪80年代都在时尚圈中游荡。正是在这段时间，这个反常的时尚王妃获得了"烈性炸弹"（TNT）的昵称，之后 *Vanity Fair* 杂志给她贴上了出名的"社交名媛"的标签。在每年去看高级时装发布会时，她那高耸的发型和祖传的珠宝总会令整个巴黎为之震惊。

"我时常会想起维拉蒙特。他具有十足的创造力，我相信他的作品有朝一日会成为一个时代的图标。和他在一起工作很有乐趣。我十分想念他。"

——珍妮·杰克逊

珍妮·杰克逊
（JANET JACKSON）

她在开创性的专辑《控制》的首页中公开表示："我最初的名字不是'宝贝'，而是'珍妮特·杰克逊'小姐。"杰克逊更像是一个沉思者而非先锋人物，一个解释者而非一个创造者。这张专辑的内容是关于珍妮的一切以及她想变成的那个样子。相较于之前的专辑，这里多了一些性感。维拉蒙特在洛杉矶著名的 Smashbox 工作室拍摄了 19 岁的珍妮。在她风格新颖的长发和酷劲十足的全黑色套装造型下，维拉蒙特在一天之内就将这个昔日的童星转变为了一个自信前卫的人物。

（上图图注）
维拉蒙特用宝丽莱相机为珍妮·杰克逊拍摄的照片。
大约 1981 年。

（对页图注）
再现反叛者
维拉蒙特证明了他作为一名成熟的艺术家和摄影家的水平一点儿也不亚于他为珍妮·杰克逊的开创性专辑《控制》绘制封面的水平。
洛杉矶，1985。
感谢环球唱片公司·环球音乐娱乐企业提供。

一切都与角度有关
维拉蒙特有意识地用水粉颜料和炭笔来精细地进行描画，以此表达自己对于维奥莱塔的赞美与热爱。
巴黎，1985 年。

（对页及后跨页右图图注）
维拉蒙特为吉尼斯集团拍摄的维奥莱塔·桑切斯肖像照。
巴黎，1985 年。

（后跨页左图图注）
也许模特与维拉蒙特是联系得最为紧密的人，维奥莱塔是一个很有耐心并且自觉性很强的模特，她能够适应维拉蒙特那持续一整天的高强度的工作节奏。她给予他了许多的创作灵感，他也回馈给她许多关于她的佳作。
巴黎，1985 年。
尼克·罗兹私人收藏。

维奥莱塔·桑切斯
（VIOLETA SANCHEZ）

"我是他的灵感来源之一。他喜欢以我为基础，然后细化和改变一些东西。他的一些绘画作品实际上是我们所有人的一个集物：我的鼻子，丽莎的嘴巴，或许还有托伊的眼睛。"

——维奥莱塔·桑切斯

在超模尚未诞生之前，就有了维奥莱塔·桑切斯——一个与生俱来有着 T 台气质的身材苗条的性感尤物。桑切斯在西班牙出生并长大，却是在巴黎开始了她的模特生涯。在那里她迅速博得了女装设计师伊夫·圣·洛朗和蒂埃里·穆勒的青睐。蒂埃里·穆勒经常让她在发布会秀场上第一个亮相，然后只是以一个姿势站到发布会结束。在一项关于优雅的瘦高身材的调查中表明，桑切斯在某个方面是很具优势的——尽管今天的我们似乎不容易理解其中的标准。她颇具古典美的身材和长长的细小的鼻子以及纤细的腰身轮廓打动了维拉蒙特，她很快就成为他的首席模特，她的外形轮廓成为了一种模板，成为代表强悍而有力量女性的范例，这也已经成为了他艺术创作惯用的手法。

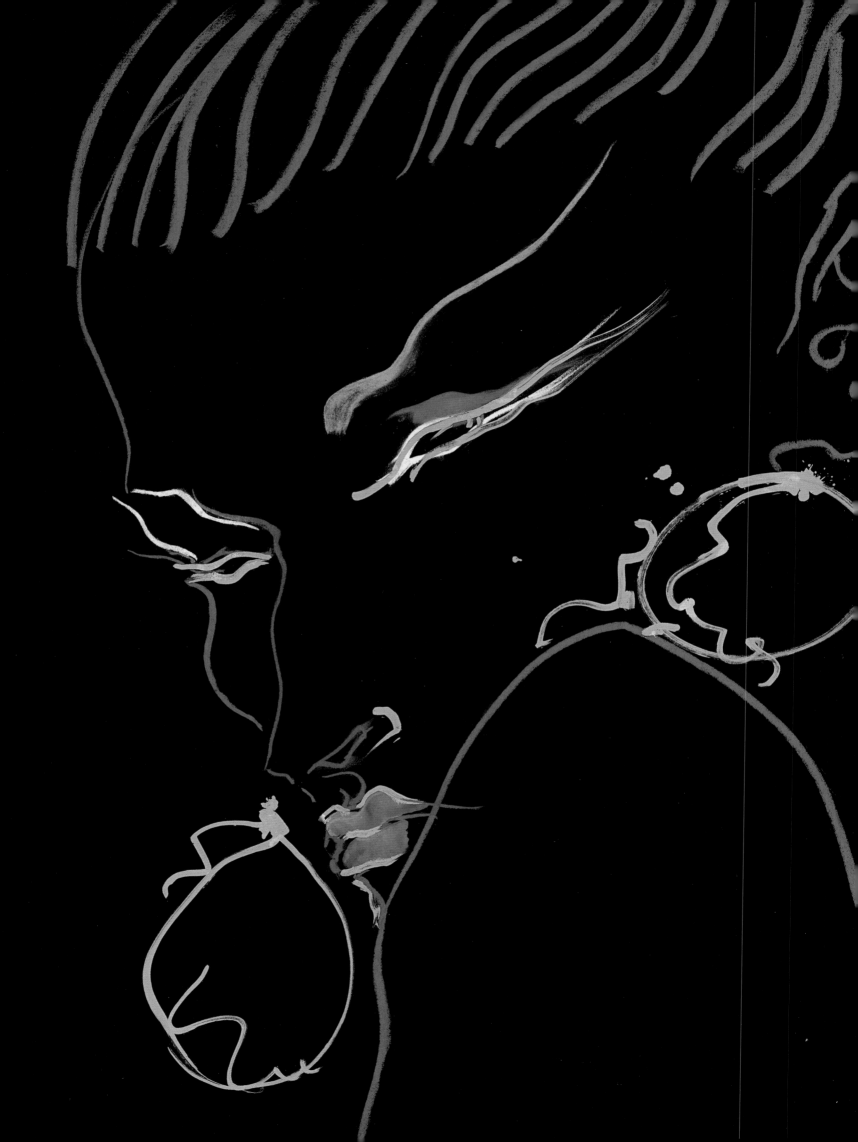

"维拉蒙特不仅会对许多关于风格、发型、化妆和艺术导向的事宜发表自己的意见，他甚至可以自己独立完成这一切。"
——鲍勃·拉辛

男性绘画

"不要去好奇别人想看到什么。但也不要害怕让它跃然纸上。"

——维拉蒙特

拉尔夫·劳伦（Ralph Lauren）和卡尔文·克莱恩（Calvin Klein）曾经一度将长青藤校园里经典保守的男生穿衣风格当作市场营销的卖点进行兜售，而维拉蒙特却拓展了男性特征的界限。尽管是以女性时装插画师的职业生涯而著名，维拉蒙特的家里也时常有男性面孔出现，他还创作了大量的男性作品以表达自己对他们如同对待女性般的热爱。从朋友和爱人的肖像到颇具挑衅性的尝试，维拉蒙特热衷于让男孩的面孔如同女孩一样引人注目，并且还从一大群年轻健壮、惯于化妆和头戴无檐帽的男孩中培养出了几位杂志明星。

西里尔·布鲁尔是维拉蒙特在巴黎的生活中很重要的一个人，他会源源不断地将漂亮男孩带到维拉蒙特面前以供他绘画。布鲁尔自己之前也曾经是一个模特，他在巴黎运营着一家名为"巴黎计划"（Paris Planning）模特公司的男模分部，并且在维拉蒙特早期定居法国首都后的作品中也担当着重要的角色。"维拉蒙特所画的男性面孔都有许多相似之处。"布鲁尔回忆说，他们的五官结构都非常清晰，例如：保罗·亨德里克斯（Paul Hendrix），布拉德·哈里曼（Brad Harryman），杰西·哈里斯（Jesse Harris）和麦克·希尔（Mike Hill）。嘴部是表现的重点；他喜欢将典型的猛男型处理成更加柔软、更加女性化的样子。维拉蒙特会将一个卡车司机化妆成为"变装皇后"。他对人施加影响的过程一般非常温和，并且十分缓慢，这不是用"让我给你涂一些口红"的办法就能够行之有效的，他知道那样起不了什么作用，但是他也在不断地一点一点推动着事情的进展，只为了想看看对方能走多远。

维拉蒙特与他的男模特之间的关系相对于女模特更为复杂和微妙：维拉蒙特经常被他的绘画和拍摄对象所吸引，并经常与他们形成两性关系。然而，其间却也总有些悲叹和挫折的事情发生。鲍勃·拉辛记得，在许多夜晚他都陪着维拉蒙特，听他聊关于自己和那些男孩之间的悲伤故事。尽管多年以来维拉蒙特身边不乏情人陪伴，但是他始终没有遇到与自己真正契合的灵魂伴侣。拉辛说："维拉蒙特情感外露，从某种程度上，他觉得自己不值当去认真地经营一段感情。这是所有矛盾的一部分而已。他追求完美的爱情，但是我认为他生活的唯一挚爱便是他的工作——是他不断地去挑战常规的那个领域。"

一个比马龙（Pygmalion）式的完美形体——维拉蒙特不仅从纸面上，同时也从个人生活方面对这些男人进行了全位的提升。实际上，当女性在他的画面上占据支配地位的时候（这是一个所谓的弱势性别变成强势的过程），男性的角色同样也产生了颠覆。维拉蒙特笔下的男性感觉都有着猫一般的狡黠，他们通常努力地摆脱传统、正式的装束，甘愿成为他画面中的道具或配饰。闪耀着优雅与魅力的光芒，他们假装摆出性感的姿势，试着去卖弄风情，以一脸淫荡的表情凝视着前方。

经过短暂的角色扮演之后，模特罗恩·格雷斯（Ron Grace）发现自己赤裸着上身站在维拉蒙特巴黎的工作室里，而维拉蒙特在画面中却给他穿上了一件紧身胸衣并裹上了一块头巾。"这确实十分有趣。"格雷斯回忆道，"来自加利福尼亚的我过去从未尝试过这些东西。他观察事物的角度确实与众不同。我只是试着去理解这一切并享受和他一起的时间。"与此相似的是，在与歌手妮娜·哈根（Nina Hagen）合作为德国版VOGUE杂志绘制封面的时候，维拉蒙特带来了他曾经的爱人——男模特麦克·希尔。哈根记得维拉蒙特将麦克脱得一丝不挂，然后进行绘画，并且告诉她把他当做一个沙发就好。"这个男人十分强壮，因此他不会介意的。"这都把她逗笑了。在为瓦伦蒂诺时装绘制的多幅作品里都有希尔裸体的身影。"维拉蒙特非常钟情于麦克·希尔。"西里尔·布鲁尔回忆道，在他和这个高大健壮的金发美男一起工作时，他的风格得到了充分的发挥。

所有人都想成为维拉蒙特的男孩，鲍勃·拉辛回忆说，"这其中的好处让人一目了然。"它可以令你在一夜之间展开职业生涯。在让·保罗·高提耶的爱将塔内尔·柏卓圣兹（Tanel Bedrossiantz）的回忆里，当维拉蒙特妙手将他那雌雄莫辨的个人特征表现出来时，他才意识到自己并非传统意义上的男性模特。"那时的男模特都如同万宝路牛仔（Malboro Cowboys）一般，漂亮、健壮、并拥有一口洁白的牙齿。而

我则不同。当时的我刚满18岁，有一张大嘴巴，一副大耳朵和脱节木偶般的轮廓……是维拉蒙特鼓励我让我用自己的方式去展现自我，去做我自己的事情。"

约翰·皮尔森（John Pearson）记得，他的代理人西里尔·布鲁尔有一天晚上突然给他打电话告诉他，托尼·维拉蒙特希望能够立刻以他为模特进行画像，以作为克劳德·蒙塔纳一项活动的宣传资料。皮尔森届时刚从约克郡来，对任何形式的表演都没有认识和经验，他向布鲁尔白说他对于克劳德·蒙塔纳和托尼·维拉蒙特一无所知。但是他似乎从西里尔的声音中听出了一些令人振奋和欣喜的语气，这使他相信这似乎是很值得去做的一件事情。因此，他穿越了整个巴黎来到了维拉蒙特的工作室。

维拉蒙特做事的方式给男模们留下了持久而深刻的印象，而不仅仅只是那些印在纸张上的画作。

保罗·亨德里克斯
（PAUL HENDRIX）

作为一名有抱负的男演员，保罗·亨德里克斯在加利福尼亚的圣塔·莫尼卡（Santa Monica）海滩冲浪长大，他一直都希望自己能有机会和像佛朗哥·泽菲雷里（Franco Zeffirelli）和费德里科·费里尼（Federico Fellini）这样的演员合作。为了达到这一目标，亨德里克斯凭借着自己的一张万人迷的面孔开始闯荡巴黎，结果他发现巴黎的时尚世界是"相当的狂野"，不时地让他瞠目结舌。然而，他总结说那比在海滩上有趣多了。

（前页图注）
漂亮的壮汉
维拉蒙特笔下的男性面孔有着大量的相似之处。嘴部通常是表现的重点。在这幅画作中，维拉蒙特把我们的注意力都引向了亨德里克斯那丰满、同时因为富于进攻性而扭动的嘴唇上。
巴黎，1984年。

（上图注）
维拉蒙特在巴黎用宝丽莱相机为保罗·亨德里克斯拍摄的照片。大约1984年。

（对页图注）
保罗·亨德里克斯
给男性在画面中找到一个恰当的位置和聚焦点——对于维拉蒙特来说，这与女性绘画中所遵循的逻辑一样重要。图中用快速而锋利的线条勾勒出的保罗·亨德里克斯时常会成为维拉蒙特笔下的主角——直到他们之间发生了一点争吵。
巴黎，1983年。

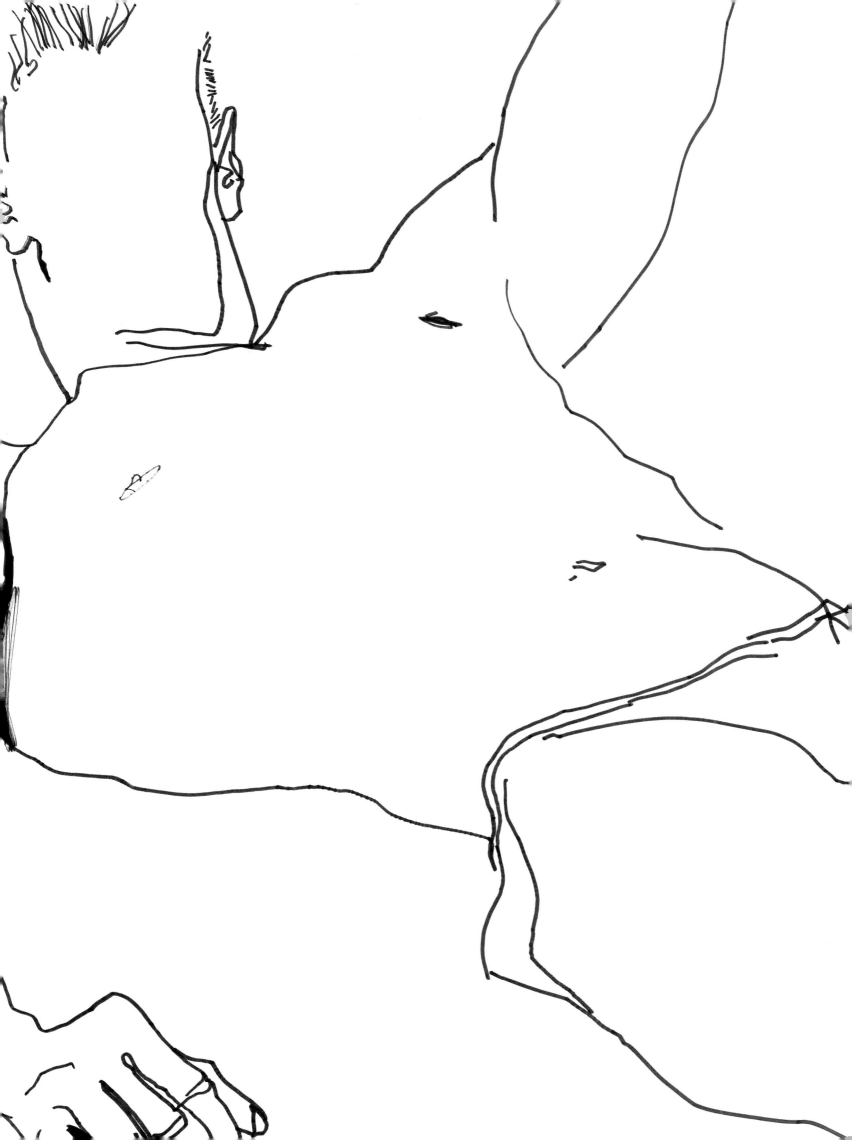

"在我们认识之前，我不知道如何去行动和创造……是维拉蒙特教会了我建立风格和进行创新的诀窍，他是我的启蒙老师。"

——麦克·希尔

麦克·希尔
（MIKE HILL）

麦克·希尔是一个来自洛杉矶的帅气金发男孩。在巴里·卡门（Barry Kamen）的记忆中，"他是一个亲切的家伙，不是那么得聪明，但是非常真诚。"维拉蒙特刚到巴黎后不久便立刻约见了刊登在模特目录中的麦克，于是他们很快便发展成为了恋人。对于希尔这样一个热爱自我宣传的人来说，必然能与维拉蒙特这样一个喜欢锦上添花的人志趣相投，麦克很快成为了他的私人模特。据鲍勃·拉辛回忆说，麦克俊朗的面容原本非常受到商家的喜爱，但是由于维拉蒙特爱上了他，于是就要重新塑造他，令他找到自己阴郁的一面。他们之间的关系是不稳定的，随着工作的压力而发生变化——就像维拉蒙特在画作中对他们之间的浪漫关系有着或松或紧的表现那样。最初，这项工作对于他们来说只是肉欲的狂欢。但是，随着他们之间的关系渐渐地搁浅，一些细微的苦恼和忧郁也就乘虚而入了。希尔很难接受自己是个同性恋的事实，因此开始逐渐疏远了维拉蒙特。"那不是爱情。"维拉蒙特对这种关系进行了解释，"那是一种瘾，我似乎已经沉溺于某个我所爱的人了。"随着事情逐件开始进一步恶化，维拉蒙特的画风产生了倾斜，他的作品中总是闪耀着邪恶的快乐光芒。

（上图注）
维拉蒙特用宝丽莱相机为麦克·希尔拍摄的照片。
佛罗里达，大约1985年。
纽约，1982年。

（对页图注）
强烈的色彩
维拉蒙特的风格在有关麦克·希尔的画作和摄影中达到了最充分的展现。在这里他开始尝试着用色粉笔和蜡笔去探索他面部的轮廓。
巴黎，1985年。

躯干的张力
随意、自然，维拉蒙特用彩色
粉笔记录下了麦克·希尔那雕
塑般的躯体。
伦敦，1984 年。
米兹·洛伦茨（Mitzi Lorenz）
私人收藏。

（对页图注）
在这幅关于麦克·希尔的摄影
作品中，维拉蒙特营造出了一
个强壮、感性和色情的氛围。
巴黎，1985 年。

西里尔·布鲁尔
（CYRIL BRULÉ）

模特经纪人西里尔·布鲁尔时常规律性地出现在维拉蒙特初来巴黎时的画作中。他是维拉蒙特在这座城市里生活的一个不可或缺的人物，他为维拉蒙特所引荐的几个男模日后都成了素描和肖像的爱好者。布鲁尔在1981年开始模特生涯，但很快便离开了秀场转而为"巴黎计划"模特机构进行幕后工作，在那里，他成立了男模分部。他为业界培养并推举了许多顶级的模特，他目前执掌着Viva模特管理公司巴黎分公司的业务，这家公司成立于1988年。

模特制造商
这两张既流畅又极富表现力的肖像画展现了维拉蒙特最单纯、直接和细致的观察力。
巴黎，1984年。

时尚总监
为范思哲男装担任模特的西里
尔·布鲁尔。
巴黎，1984 年。

里法特·沃兹别克
（RIFAT OZBEK）

阴郁而英俊的里法特·沃兹别克在 20 世纪 70 年代来到伦敦圣马丁艺术学院（Saint Martin's School of Art）求学，一开始攻读建筑设计，后来转而学习时装设计。他的合伙人曾经把他送到利物浦大学（Liverpool University）学习建筑。他告诉《人物》杂志，"在土耳其，一个男人想要出人头地，要么当医生，要么就成为建筑师。"然而他却迅速改变了自己的事业道路，并于 1984 年着手创建自己的服装品牌。沃兹别克将土耳其传统风格转化为符合当代人需求的简约样式，他设计的服装就如同《一千零一夜》中的那般生动诙谐。

（上图注）
维拉蒙特用宝丽莱相机为里法特·沃兹别克拍摄的照片。
1984 年。

（对页图注）
东方形象
在这张肖像画中，维拉蒙特捕捉到了设计师的外形特色和个人态度。
伦敦，1984 年。

罗恩·格雷斯
（RON GRACE）

加州本地男孩罗恩·格雷斯在一次朋友的婚礼上不经意地被星探发现并由此进入了时尚圈。在一名经纪人的帮助下，他很快就为自己打开了局面，在摄影师布鲁斯·韦伯（Bruce Weber）掌镜的一系列卡尔文·克莱恩品牌的广告大片中他都有份出镜。

加州梦想家
维拉蒙特用黑色的粗画笔所描绘的两幅关于罗恩·格雷斯的作品。
巴黎，1986年。

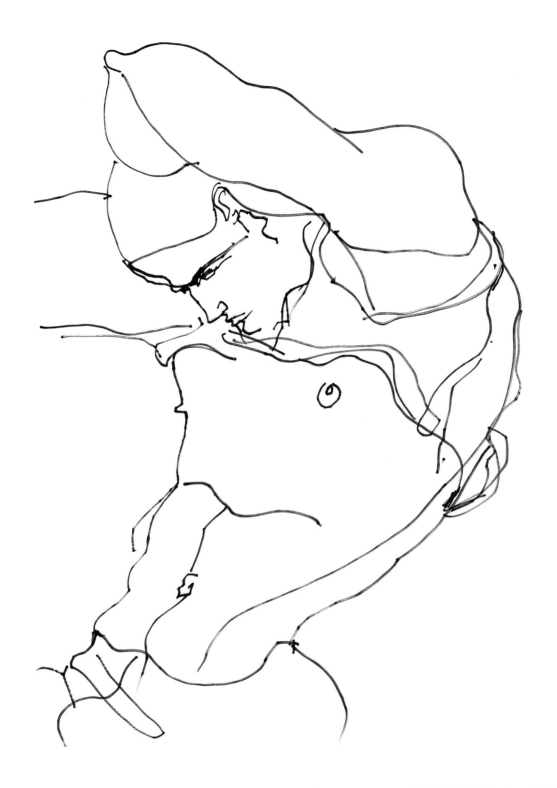

杰西·哈里斯
（JESSE HARRIS）

任何经过维拉蒙特门前的人会发现他们最终都被画进了他的作品中，多次出现在范思哲品牌宣传活动中的杰西·哈里斯，在维拉蒙特作品中也再一次证明了当时的他有多么的炙手可热。总是对经常在一起厮混的男孩子们（例如：麦克·希尔、布拉德·哈里曼、保罗·亨德里克斯等人）保持警觉的维拉蒙特却在1984年转而拜倒在杰西·哈里斯的脚下，在巴黎为这个美国人绘制出了一系列美丽而又写实的肖像画作。

结构的调整
出于对骨骼结构的痴迷，维拉蒙特在画作中也乐此不疲地一再表现这一主题。在这里他用简洁的线条来表现他观察到的杰西·哈里斯。
巴黎，1984年。

（对页及后跨页图注）
东方形象
在这张为意大利纺织巨头GOM-ATEX公司所绘的肖像画中，维拉蒙特用他那神来之笔将哈里斯表现得栩栩如生。
巴黎，1984年。

理想男性
（IDEAL MEN）

维拉蒙特一直在致力于寻找最完美的面孔，他"出击"时的命中率也特别的高。他的写生簿里尽是一些不知名的面孔和尚未出道的模特的肖像。

尼克·亚历山大（Nick Alexander）
巴黎，1983 年。

（对页图注）
大卫·霍利（David Hori）
巴黎，1986 年。

私人模特
雷·佩特里为菲尔·皮克特在
1984 年奥运会期间推出的专辑
《命运》担任封套模特。
伦敦，1984 年。
米兹·洛伦茨（Mitzi Lorenz）
私人收藏

（对页图注）
绅士
雷·佩特里头戴他那标志性平
顶帽的肖像画
伦敦，1984 年。

雷·佩特里
（RAY PETRI）

造型领袖雷·佩特里携其自创品牌 BUFFALO 开启了 20 世纪 80 年代另类时尚的先河，他的这种将街头风格和高级时装融为一体的外观频频出现在 *i-D*、*The Face* 和 *Arena* 等杂志上。结合了拳击文化、牙买加雷鬼音乐和朋克野小子等元素，佩特里创造出一种粗砺的雌雄同体风貌，他是第一个将服装的挑选和结合进行专业化操作的人。他也有可能是第一个支持混血模特的人，这其中包括了后来成名的尼克·卡门（Nick Kamen）。佩特里出生于苏格兰但成长在澳大利亚的亚布里斯班，1969 年到伦敦后很快就和时装摄影师马克·勒邦（Marc Lebon）和杰米·摩根（Jamie Morgan）在一起工作。佩特里倡导让男性着裙装，而女性穿宽松的套装。他的日常装束就是黑色牛仔裤、飞行员夹克和一顶叠式平顶帽。

"对我来说时尚就像艺术，是一种表达自己的方式。维拉蒙特塑造了我。我学着如何通过自己来控制外在的形象——尽所有的努力达到最好。"

——塔内尔·柏卓圣兹

塔内尔·柏卓圣兹（TANEL BEDROSSIANTZ）

在一个摄影工作室的时装拍摄现场巧遇之后，维拉蒙特毫不费力地就提升了塔内尔·柏卓圣兹的职业生涯。当意识到自己与当时的许多女模特在外形上有着相似之处后，柏卓圣兹开始学习并且发挥了她们经常采用的姿势，这使得维拉蒙特十分高兴。"我知道我必须为那些关注我的人做些与众不同的事。"他说。塔内尔和维拉蒙特的第一次合作拍摄便产生了戏剧性的影响——这些照片引起了设计师让·保罗·高提耶的注意，他邀请柏卓圣兹出席了自己品牌的推广活动——这完全改变了他的生活，许多国际设计师随后都纷纷向他发出走秀的邀请。

（上图注）
维拉蒙特用宝丽莱相机为塔内尔·柏卓圣兹拍摄的照片。
巴黎，大约 1985 年。

（对页图注）
模特姿势
维拉蒙特为佩尔·卢伊（Per Lui）品牌拍摄的塔内尔·柏卓圣兹肖像
巴黎，1985 年。

格雷格·汤普森（GREG THOMP-SON）

　　20 世纪 70 年代晚期，维拉蒙特在史蒂文·梅塞的插画课上开始以格雷格·汤普森为模特进行绘画——其后，这件事情贯穿了他的整个生命。汤普森并非专业模特，而且也无意向时尚业进军，作为平面设计师的他只是有着一副好身材罢了。"格雷格有着令人羡慕的美好形体。"鲍勃·拉辛回忆道。"我认为这正是维拉蒙特最初以他为绘画模特的兴趣和灵感的出发点，当然，格雷格也是一个很帅气的人，性格里有着安静的一面，为人既冷静又友好。"格雷格会很规律地造访维拉蒙特巴黎的住处，他们俩长期保持着断断续续的恋爱关系。

维拉蒙特用宝丽莱相机为格雷格·汤普森拍摄的照片。纽约，大约 1980 年。

（对页图注）
互补色
掌握了多种绘画技巧的维拉蒙特在这幅肖像中用明亮的对比色打造出了真实的皮肤色调。纽约，1982 年。

套装和鞋
格雷格·汤普森为范思哲男装
担任模特。
纽约，1984 年。

泳装
格雷格·汤普森和拉尔斯（LARS）
（维拉蒙特的另一个不出名的模
特情人）在这幅以泳装为主题
的作品中暗示了同性恋关系。
基韦斯特，佛罗里达，1982 年。

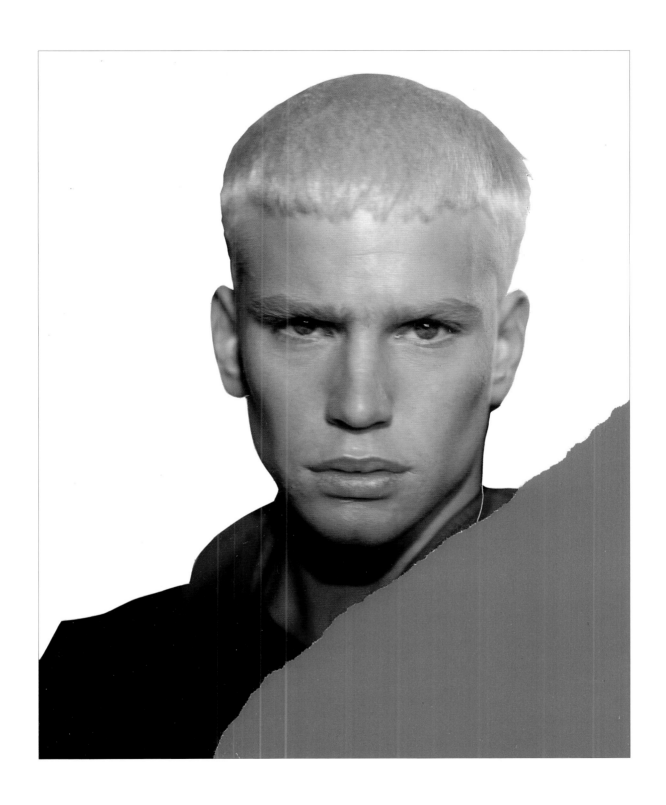

布拉德·哈里曼
（BRAD HARRY-
MAN）

地道的"美国味"，布拉德·哈里曼可能是所有维拉蒙特男孩中在商业上最成功的一个。身高 6.1 英尺、金发碧眼的大块头形象正是像穆勒和瓦伦蒂诺这样的设计师品牌的首选。在哈里曼于 2000 年早逝之前，他无疑是 20 世纪 80 年代时尚杂志上出现得最频繁的面孔之一。

维拉蒙特用宝丽莱相机为布拉德·哈里曼拍摄的照片。
巴黎，1985 年。

（对页图注）
大块头哈里曼
维拉蒙特那有着魔力般的画笔通过表现哈里曼脖颈间的张力充分地传达出了生命的力量。
巴黎，1986 年。

韦·班迪
（WAY BANDY）

　　班迪最初生活在阿拉巴马州的伯明翰，当年他的名字还是平淡无奇的罗纳德·莱特，并且是一个已婚的高中英语老师。1965年的夏天，他来到了纽约并且决定在此发展，他给自己起了一个全新的名字，选择进入了一个新的行业，同时还重塑了自己的鼻子。"当我来到这里的一刻，我就知道我再也不会回到以前的生活了。"1978年他这样告诉一个记者，"这是一个崭新的开始，我感觉我必须成为韦·班迪——这个名字就这样进入了我的意识之中。"在他的妻子回到阿拉巴马州之后，班迪这个"自由面孔设计师"继续在全世界著名的女性身上施展他的魔力。他强调了所谓的凯瑟琳·德纳芙（Catherine Deneuve）的"非凡面孔"，并将伊丽莎白·泰勒（Elizabeth Taylor）的蓝色眼影变成了棕色。纵使'她'倾国倾城，这些面孔也是出自化妆天才韦·班迪之手"——People杂志这样评价道。他的那些皮肤清透、嘴唇红润的理想化封面女孩的形象定义了几乎两个世纪关于"优雅"的观念。班迪于1988年去世，也是一位因艾滋病而离世的受人瞩目的名人之一。

维拉蒙特用宝丽莱相机为韦·班迪拍摄的照片。
巴黎，1985年。

（对页图注）
化妆信念
在这张彩色写生中，班迪看起来如同他所塑造的女性那般富有魅力。
佛罗里达，1985年。

犀利的造型

维拉蒙特以尼克·卡门为模特拍摄的佩尔·卢伊男装时装照片，维拉蒙特的摄影作品带有他绘画中的诸多特征，总是让人一眼就能够认出来那是维拉蒙特的风格。

巴黎，1984 年。

尼克·卡门（NICK KAMEN）

作为 20 世纪 80 年代在伦敦工作的少数混血模特之一，尼克·卡门带着微弱的信念和少有的成就进入了模特界——直到造型师雷·佩特里在 *The Face* 杂志中选定他作为封面人物之后，他的境遇才开始发生了变化。他有着乌黑的头发、淡棕色的皮肤和淡淡的蓝绿色眼睛，卡门在收获了突然的成功后很快就放弃了模特生涯，转而成为流行音乐巨星。

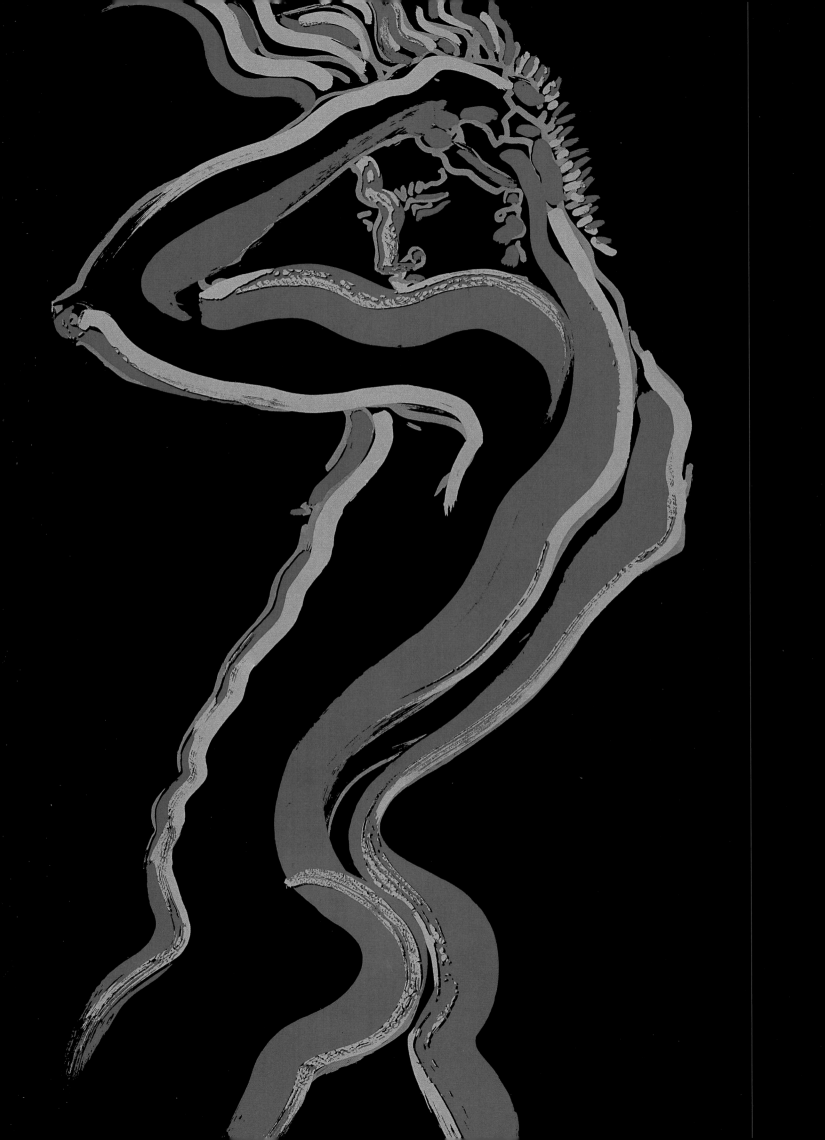

"正如你想象中的杰克逊·波洛克（Jackson Pollock）的作画过程那样，我也只是在那里保持了20分钟的姿势，其间不断地有撕纸的声音传来，然后就听见他说："非常好！我们已经完成了。"

——约翰·皮尔森

约翰·皮尔森
（JOHN PEARSON）

1984年，当约翰·皮尔森为维拉蒙特摆造型时，他刚刚踏入模特界不久。我并不知道我要去的是个什么鬼地方，我只知道我大约在午夜时分到了那里。我的内心十分怀疑这趟工作会是怎样的际遇，但我最终还是找到了他的工作室，那里漆黑一片，甚至还有点吓人。我只是一个来自约克郡的男孩，却偏要来索多玛和蛾摩拉城冒险，这是一个创意者的麦加之城，却也是狂乱的同性恋者的乐园。比我矮一头的维拉蒙特在上下打量我之后，给了我一块金色的残破的遮羞布。我最直接的男性反应便告诉他："这不够大——这是我口中说出的第一句话，接下来的事情就容易多了。然后我站到台子上穿着遮羞布开始摆造型，这也是我第一次被别人画。在对我进行一些类似于'拱起后背'、'伸展开身体'之类的指导以外，维拉蒙特便没有与我进行任何交谈了……后来，当我到达纽约时，我第一次看到了海报上的自己，于是，我可以说我为克劳德·蒙塔纳品牌代言了。"

沉睡的拉尔斯
一个自然的观察者，维拉蒙特
在这幅挑逗性的、色情的、绘
画性的习作中记录了他爱人的
睡眠状态。巴黎，1984 年。

后记

——艾米·法恩·柯林斯（Amy Fine Collins）

数码技术已经将摄影变成了对原材料的处理手段，几乎可以令每个人都能成为摄影师，但正因如此，对手绘时装画回归的呼声也就越来越迫切了。现在，在 *Vanity Fair* 杂志中，我们可以定期看到大卫·唐顿那些精致的、梦幻般的彩色插画。 同时，克里斯汀·迪奥的美人们也为自己找到了新时代的发言人——时装插画家比尔·多诺万（Bil Donovan）。此外，苹果平板电脑也开发出能够在秀场即时绘制效果图的应用软件，这款名为"Paper by 53"的软件甚至还获得了苹果公司授予的大奖。

因此，谢天谢地，我们有幸再次欣赏到维拉蒙特毕生的全部作品，而在这之前，我对 20 世纪 80 年代画家的印象只有埃贡·席勒（Egon Schiele）、安东尼奥以及更温和的古斯塔夫·克里姆特（Gustav Klimt）。《永远的玛德琳》一书的作者路德维格·贝梅尔曼斯（Ludwig Bemelmans），认为一幅优秀的时装插画作品应当是轻快的、及时性的和灵巧的，以至于"它在纸上的感觉，就好像你把一勺生奶油直接放到盘子里一样。"然而，维拉蒙特的画却浓烈得像是纸上滚烫的煤渣——它们只会在上面继续发光和灼烧。

艾米·法恩·柯林斯
纽约，2013 年

"我想发表一个声明。我想在纸张上、画布上和胶卷中探索我自己。当我施展自己的艺术天分去描绘的时候，那种感觉真是太美好了。"

——维拉蒙特，1979年

托尼·维拉蒙特
自拍照
巴黎，1986 年。

致谢

我首先要感谢大卫·唐顿，是他开启了我撰写此书的最初想法，也是他将维拉蒙特的兄长爱德华·维拉蒙特介绍给我。可以说，爱德华才是这本书背后的功臣，如果没有他正确的帮助、建议和鼓励，此书不可能启动并最终得以完成。

特别致谢 Laurence King 出版社以及将此书交付于海伦·罗切斯特（Helen Rochester），是你们意识到了维拉蒙特在世界时装插画历史上的贡献。感谢苏西·梅（Susie May），是在你的耐心引导下本书才日渐成型，也要谢谢你给我留出充裕的时间来打磨这部手稿。

我要谢谢艺术四部的迈克尔·西克（Michael Setek）。对于本书来说，迈克尔是一位不可缺少的人物，是他将维拉蒙特的原作进行扫描、润色以及电子修复。我对你做出的贡献和支持深表感激之情。

许多人在本书的创作过程里与我分享了他们的回忆，并且对那些画稿进行了介绍和解读。然而，如果不是令人惊喜的苏珊·古埃德的出现，我还苦于找不到写作的思路，她或许是维拉蒙特生前最亲密的朋友、红颜知己以及许多照片的保存者。她以极大的沉着态度带领着我重温了维拉蒙特的职业生涯以及在巴黎的那段探险家式的生活，她给予我的鼓励一直都比严格的要求多。我视她为本书的写作伙伴。与之相似的，西尔瓦娜·卡斯特（Sylvana Castres）——她或许是巴黎城中最佳的联络人，无私地将自己的那些宝贵的社会关系与我分享，确保我能够拜访到尽可能多的维拉蒙特从前的朋友们。

我还要特别感谢弗雷德里克·洛尔卡、塔内尔·柏卓圣兹和西里尔·布鲁尔为此所付出的时间、学识和专业的视角，他们为本书慷慨地付出了自己的时间——不为别的，只为了支持和鼓励我的工作。此外，鲍勃·拉辛为我尽可能多地分享了关于维拉蒙特的所有回忆——当然，他也是不计回报的。

特别感谢摄影师阿明·韦舒特（Armin Weisheit），他是我的白衣骑士，在陪伴我一起去巴黎的过程里，他机智而敏捷地拍摄了许多维拉蒙特为瓦伦蒂诺品牌所绘制的时装画。不知用什么语言来感谢让·保罗·高提耶，他在百忙当中还为本书撰写了前言。而艾米·法恩·柯林斯在后记中将维拉蒙特的作品的表现力及永恒性总结得恰到好处，谢谢你了，艾米！

我要在此感谢那些任由我从他们的墙上把画作摘下来的人们；感谢那些翻箱倒柜只是为了从存档中找到适合作品的摄影师和设计师们；感谢那些慷慨为我提供各种资料的人们——感谢你们的无偿付出。在康泰纳仕出版集团，我要感谢露辛达·钱伯斯、安娜·哈维（Anna Harvey）、布雷特·克罗夫特（Brett Croft）、肖恩·沃尔德伦（Shawn Waldron）、雷尼里·葆拉（Raineri Paola）和邦妮·罗宾逊（Bonnie Robinson）。在瓦伦蒂诺档案馆，我要感谢埃维尔·高洛德－穆尼耶（Hervé Goraud-Mounier）和亚斯明·哈贝勒（Jasmine Habeler），他们两位非常热情主动，给予我极大的帮助。衷心感谢尼克·罗兹，无偿地花费时间和精力为本书提供了他私人收藏的多幅维拉蒙特尚未发表的绘画作品。感谢森英惠基金会的安谷吹田（Yasuko Suita）夫人为本书开启了所有珍贵的回忆。感谢环球唱片公司的西恩·罗斯·罗德里克（Sean Rose Roderik）帮助我简化了那些繁缛的手续，让维拉蒙特画笔下的珍妮·杰克逊肖像得以在本书中出现。

感谢的名单很长，以至于或许会不可避免地遗漏掉一些人，在此，首先要向那些万一被我疏忽掉的朋友们致歉！他们是——巴黎：克劳德和杰奎琳·蒙塔纳（Jaqueline Montana）、瓦伦蒂诺·加拉瓦尼、吉安卡洛·吉米迪、伯纳德·佩谢(Bernard Pesce)、碧翠斯·保罗（Beatrice Paul）、莱斯利·维纳、西比勒·德·圣菲（Sibylle de Saint Phalle）、布丽奇特·萨拉玛（Brigitte Slama）、让·雅克·卡斯特（Jean Jacques Castres）、马克·阿斯克利（Marc Ascoli）、克劳迪娅·胡舒宁（Claudia Huidobro）、克里斯汀·伯格斯特龙（Christine Bergstrom）、（BillyBoy* & Lala）、帕特里克·萨尔法提（Patrick Sarfati）、蒂埃里·佩雷斯（Thierry Perez）、维奥莱塔·桑切斯、尤金伲亚·梅里安、伊格纳西奥·加尔萨（Ignacio Garza）；伦敦：巴里·卡门、杰明·摩根、罗伯特·佛利斯特（Robert Forrest）、米兹·洛伦茨、斯嘉丽·坎农（Scarlett Cannon）、阿明·韦舒特；罗马：弗兰卡·索萨尼（Franca Sozzani）、塔克西斯家族的格罗瑞亚公主、安娜·皮亚姬、凡德塔罗·维奥朗特（Valdettaro Violante）；米兰：弗朗西斯卡·斯皮勒（Francesca Spiller）、卡拉·索扎尼画廊的卡拉（Carla at Galleria Caela Sozzani）；纽约：耶利米·古德曼（Jeremiah Goodman）；贝蒂·恩格（Betty Eng）、莉莎·罗森、莉莎·鲁本斯坦（Lisa Rubenstein）、凯伦·比约恩森·麦克唐纳（Karen Bjornson MacDonald）；马奥·帕迪哈（Mao Padilha）；詹姆斯·阿吉亚尔（James Aguiar）、马克·霍尔德曼（Mark Haldeman）、泰丽·托伊、迈克尔·H.伯科威茨（Michael H. Berkowitz）；尼古拉斯·曼维（Nicholas Manville）、保罗·加拉加斯（Paul Caranicas）；索菲·德·泰莱克（Sophie de Taillac）、本·沙乌尔（Ben Shaul）；道格和吉恩·麦耶（Doug and Gene Meyer）；波莉·梅伦（Polly Mellen）；弗雷迪·雷巴（Freddie Leiba）；詹姆士·布里斯（James Breese）；威廉姆·比尔·多诺万（William 'Bil' Donovan）；查尔斯·查克·尼茨伯格（Charles 'Chuck' Nitzberg）；兰德尔·麦耶（Randal Meyer）、J. 亚历山大（J. Alexander）、德斯蒙德·卡多根（Desmond Cadogan）、卡洛斯·泰勒（Carlos Taylor）、温迪·怀特洛（Wendy Whitelaw）、乔凡娜·克莱尔塔（Giovanna Calabretta）、博比·巴茨（Bobby Butz）；洛杉矶：安妮塔·拉尔夫、凯西和曼纽尔·维拉蒙特、李奥纳德·斯坦利（Leonard Stanley）、尼基·巴特勒（Nicky Butler）、朱莉·罗森鲍姆、珍妮·杰克逊、芮妮·罗素、贾尼斯·迪金森（Janice Dockinson）；日本：森英惠、甲贺真理子（Mariko Kohga）。

感谢迈克尔·H.伯克威茨（Michael H.Berkwitz）无私地与我分享了他那时尚百科全书式的渊博知识。还要感谢我那亲切的房东保罗·亨特利（Paul Huntley），他在他曼哈顿的城堡中给了我一个家外之家。

最后，从私人的角度，我要感谢长期以来给予我帮助和忍耐的朋友艾玛·德诺姆（Emma Denholm），是她一直用乐观的态度激励着我的写作，但同时也是对我的文章毫不加掩饰地提出公正批评的人。是她替我料理了身边所有的琐事，并且总是在我话未出口的情况下她已然搞定了一切。

文献目录

本书中关于维拉蒙特的文字材料来源于对托尼·维拉蒙特日记的摘录和编辑，以及与他的朋友和合作伙伴们的访谈录，日本森英惠基金会和巴黎瓦伦蒂诺档案馆也为本书提供了宝贵的参考资料。本书的参考文献还包括：

凯莉·布莱克曼（Blackman. Cally），《百年时装画》（ *100 Years of Fashion Illustration* ）伦敦: Laurence King 出版社，2007 年

赖尔德·波莱丽（Borrelli. Laird），《时尚绘画》（ *Stylishly Drawn* ）
纽约: Abrams 出版社，2000 年

法里德·查诺（Chenoune. Farid），《伊夫·圣洛朗》（ *Yves Saint Laurent* ）
纽约: Abrams 出版社，2010 年

尼古拉斯·德雷克（Drake. Nicholas），《今天的时装画》（ *Fashion Illustration Today* ）
伦敦: Thames and Hudson 出版社，1987 年

大卫·唐顿（Downton. David），《国际大师巅峰之作》（ *Masters of Fashion Illustration* ）
伦敦: Laurence King 出版社，2010 年

大卫·唐顿（Downton. David），《这是什么？如何看待一本时尚插画杂志（第二期）》（ *Pourqoi Pas?A Journal of Fashion Illustration, Issue Two* ）
伦敦，2008 年

迈克尔·格罗斯（Gross. Michael），《模特：丑陋的美女产业》（ *Model: The Ugly Business of Beautiful Women* ）
纽约: Warner Books 出版社，1996 年

斯蒂芬·琼斯（Jones. Stephen et al.），《斯蒂芬·琼斯和时尚的腔调》（ *Stephen Jones & The Accent of Fashion* ）
蒂尔特（比利时）: Lannoo 出版社，2010 年

伊藤顺治（Junji. Itoh），《维拉蒙特》（ *Viramontes* ）
日本: Ryuko Tsushin 出版社，1998 年

理查德·马丁（Martin. Richard），《时装与超现实主义》（ *Fashion and Surrealism* ）
伦敦: Thames and Hudson 出版社，1989 年

帕特里克·麦克马伦（McMullan. Patrick），《如此 80 年代：一个十年的摄影日记》（ *So 80s: A Photographic Diary of a Decade* ）
纽约: PowerHouse Books 出版社，2003 年

苏西·布曼克斯和娜塔莉·邦迪（Menkes. Suzy and Nathalie Bondil），《让·保罗·高提耶的时装世界：从街头到明星》（ *The Fashion Universe of Jean Paul Gaultier: From the Street to the Stars* ）
纽约: Abrams 出版社，2011 年

森英惠曼（Mori. Hanae），《森英惠：时装人生》（ *Hanae Mori: Highlights from a Lifetime in Fashion* ）
日本: Kodanska 出版社，2001 年

威廉·帕克（Packer.William），《Vogue 杂志时装插画荟萃》（ *Fashion Drawing in Vogue* ）伦敦: Thames and Hudson 出版社，1983 年

毛利西奥·帕迪哈和罗杰·帕迪哈（Padilha. Mauricio and Roger Padilha），《斯蒂芬·斯普劳斯作品集》（ *The Stephen Sprouse Book* ）
纽约: Rizzoli 出版社，2009 年

马特·蒂尔瑙尔（Tyrnauer. Matt），《瓦伦蒂诺》（ *Valentino* ）
意大利: Taschen 出版社，2007 年

乌苏拉·沃斯（Voss. Ursula），《艺术时装》（ *Art Fashion* ）
Volker & Ingrid Zahm 出版社，2003 年